Basic Facial & Body Treatment

기초페이스 & 바디트리트먼트

이 애 숙 · 김 봉 인 · 선우영학 · 이 유 주
이 명 심 · 종 서 우 · 최 성 임

메디시인

머리말

1991년 국내의 전문대학에 최초로 미용관련학과가 개설되면서 미용의 대학 교육 시대가 시작되었으며 교육기관의 수도 꾸준히 증가하여 현재 피부미용인을 양성하는 대학은 4년제를 포함하여 140여개의 미용관련학과가 있고 이외에도 평생교육원, 학점 은행제, 직업학교, 고등기술학교 등 약 200여 곳에서 피부미용 교육이 이루어지고 있습니다.

이러한 미용교육의 외적 성장과 더불어 학문적 내적 성장에 대한 갈증과 요구가 높아져 가고 있는 만큼, 그 동안 피부미용에 관한 많은 훌륭한 전공서적들이 출간되었지만 기초 페이스 & 바디 트리트먼트의 실기를 배우기 위한 이론과 전문적이며 실질적인 내용만으로 구성된 실기교재는 아직 부족한 현실입니다. 이에 필자는 오랫동안의 피부미용분야의 이론과 실기교육 경험을 바탕으로 기초 페이스 & 바디 트리트먼트의 실기교재를 출간하게 되었습니다.

본 교재는 페이스 트리트먼트와 바디 트리트먼트로 구성하여 기본 스웨디시 마사지 테라피 실기를 배우기 위해 기본적으로 알아야 할 이론과 준비 및 실기동작, 마무리방법으로 군더더기 없이 짜임새 있고 알차게 구성하려 노력하였습니다.

바라건대 본 교재가 피부미용에 입문하여 기본 스웨디시 마사지테라피를 배우고 익히는 분들과 피부미용을 가르치는 분들께 기본서로서 오랫동안 사랑 받기를 원하며, 이 책을 출간할 수 있도록 격려해 주시고 후원해 주신 수원여자대학 인제학술관장 김봉인 교수님과 교재를 만들 때 여러 가지 도움을 주신 후배교수 이해숙, 김창숙, 유미정님과 제자들에게 무한한 감사의 마음을 보냅니다.

무술년 새 봄에

대표 저자

차례

Contents

차례

Part 1

에스테틱 마사지 트리트먼트 개론

Part 1 에스테틱 마사지 트리트먼트 개론

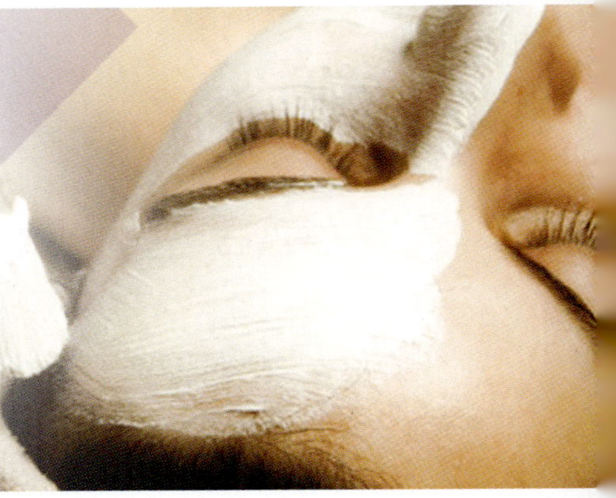

마사지의 어원은 그리스어의 'masso', 'massein' 또는 라틴어의 'massa' 에서 유래한 것으로 '반죽하다, 이기다, 쓰다듬다' 라는 뜻이다.

마사지 테라피는 손으로 만져 서 아픈 부위의 통증을 감소시키고 손상을 치유하는 본능적 행위에서 출발한 원시적인 의료행위로 여러 시대를 거치면서 오늘날의 여러 가지 형태의 마사지로 발달되었으며, 신체조직의 기능회복과 스트레스의 감소 및 신체적 · 정신적인 통증의 완화에 도움을 줄 수 있다.

1. 마사지의 이론

1. 정의

마사지는 신체부위 중 주로 손을 이용하여 전반적으로 혈액순환 및 신진대사를 원활하게 해줌으로써 신체조직의 기능회복과 스트레스의 감소 및 통증을 완화하고 피부노화를 지연하며 아름다움을 유지하고 비만을 예방하여 건강을 개선시키는 행위이다.

2. 마사지의 분류

마사지는 목적에 따라 여러 가지 명칭으로 구분되지만 근본적인 원리나 테크닉은 모두 같다.

(1) 치료 마사지

의료 마사지라고도 하며 주로 정형외과나 물리치료과에서 재활의 목적으로 사용되며, 신체 조직에 통증과 이상이 있을 때 신체조직의 기능을 정상화하기 위하여 실시하는 것이다. 자극을 받아 변형된 신체조직을 자극이전의 정상상태로 되돌리고 회복시키는 것을 말한다.

(2) 건강 마사지

건강 마사지는 신체조직의 정상적인 활동을 유지하게 하고 건강의 증진 및 질병예방을 위하여 행해진다. 즉, 우리 몸의 혈액순환 및 림프의 순환을 도와 신진대사를 촉진시킴으로써 피로회복을 목적으로 시행되며, 특정부위를 많이 사용하는 사람들의 변형을 예방하기 위한 목적으로도 사용된다.

(3) 스포츠 마사지

스포츠 마사지는 준비 마사지와 회복 마사지로 분류할 수 있으며 전신의 운동능력과 신체능력의 조절을 위해서 시행한다. 운동능력의 향상과 스포츠 상해부위를 회복시킬 목적으로 사용되며 치료 마사지, 건강 마사지, 미용 마사지를 종합적으로 적용하여 사용한다.

(4) 미용 마사지

미용 마사지는 피부의 신진대사를 촉진하여 피부노화를 지연하고 아름다움을 유지하게 하며, 비만을 예방하기 위한 목적으로 사용된다. 신체의 일부분을 마사지하는 부분 마사지와 신체의 모든 부분을 마사지하는 전신 마사지로 구분할 수 있다.

3. 마사지 테라피의 효과

우리의 피부는 보호, 체온조절, 감각, 분비 · 배설 작용, 비타민 D 합성, 표정, 재생, 면역 작용 등의 수많은 기능을 가지고 있는 우리 몸의 가장 큰 장기라고 할 수 있다. 마사지는 이러한 피부의 감각 수용기를 자극하여 피부의 표재 혈관을 반사적으로 확장시킴으로써 혈액의 순환을 용이하게 하며 신진대사 촉진에 기여하고 또한 표피의 묵은 각질층을 적절히 제거해 줌으로써 피부호흡을 원활히 하여 매우 상쾌한 감각을 느끼게 해준다. 따라서 피부의 온도가 상승하여 혈색이 좋아지며 땀샘의 기능을 조절해 준다.

피부 온도가 저하되면 피부전체의 모세혈관뿐만 아니라 근육 속의 큰 혈관 역시 수축되므로 혈액의 공급이 불충분해져 근육의 수의적 · 반사적 반응이 느려지며 경직되기 쉽다. 마사지는 직접적으로 피부표면을 자극하므로 피부에 미치는 영향이 가장 빠르게 나타나며, 직접적으로 피부온도를 2~3℃ 정도 증가시킬 수 있다. 또한 마사지는 따뜻하고 부드러운 손의 감각으로 인하여 스트레스를 해소해 주며 릴렉스(relax)하게 하여 심리적 안정을 돕는다.

① 피부 온도를 높여 준다.
② 혈액과 림프의 순환을 촉진한다.
③ 조직으로의 영양소와 산소의 공급을 원활히 하고 노폐물의 배설을 용이하게 한다.
④ 피부의 신진대사를 촉진한다.
⑤ 피부의 정상기능 유지 및 회복을 돕고, 세포의 재생력을 향상시키며, 결합조직의 위축을 막아 노화예방, 피부탄력증진에 기여한다.
⑥ 각질제거 및 노폐물 제거로 피부흡수 능력을 향상시킨다.
⑦ 피부결의 유연성을 향상시켜 준다
⑧ 한선과 피지선의 기능을 활성화하여 준다.
⑨ 조직에 긴장과 이완효과를 준다
- **긴장효과** : 늘어진 근육과 결체조직에 긴장과 탄력성 부여
- **이완효과** : 스트레스로 인한 조직의 경직성, 근육의 긴장과 경련, 관절과 근,건의 유연성 회복

⑪ 근육의 비정상적 가동력을 정상화가 되도록 해준다.
⑫ 심리적 안정과 피로회복을 돕는다.
⑬ 따뜻하고 부드러운 손의 감촉과 적절한 압력은 피부와 근육에 분포하는 신경의 기능을 자극하거나 진정시키는 작용을 한다.
⑭ 중추신경계로 들어가는 통각의 전달을 차단하므로 통증을 억제한다.

4. 마사지의 구성요소

(1) 방 향 (Direction)

스웨디시 마사지(Swedish Massage)는 주로 정맥이나 림프 순환에 기초하여 구심성(심장을 향하여)의 방향, 배출시키는 장기의 방향으로 하며, 일반적으로 마사지의 방향은 마사지 부위의 피부할선방향, 근육 결에 따른다.

(2) 압력 (Pressure)

고객의 상태나 개인적인 감각에 따라 다르게 적용하는 것이 좋으며 처음에는 가볍고 섬세한 접촉으로부터 부드럽게, 점점 세게, 마사지 부위에 압력을 증가시켜 가며 끝으로 갈수록 부드럽게 천천히 압력을 제거하면서 적용하는 것이 좋다. 특히 강한 압력은 조직상해의 원인이 될 수 있으므로 피해야 한다.

(3) 속도와 리듬 (Rate & Rhythm)

마사지 테라피에서 속도와 리듬은 매우 중요하다고 할 수 있다.

일반적으로 진정을 위해서는 고객의 페이스보다 안정적이며 천천히 주기적으로 행하며, 자극효과를 위해서는 빠르고 강하게 한다. 그러나 전체적인 느낌은 지나치게 빠르지 않아야 신경에 진정효과를 주고 긴장을 완화하여 고른 자극을 줄 수 있다. 마사지 테라피의 전체 과정을 '부드럽고 천천히 → 약간 강하고 빠르게 → 부드럽고 천천히'의 순으로 구성하는 것이 좋다.

(4) 매개체 (Media)

마사지 동작에 유연성을 부여하고 민감한 피부의 마찰을 피하기 위하여 피부타입에 맞는 크림이나 오일 및 파우더를 이용하거나 신경자극 등의 효과를 위해 브러시(brush), 고무공, 지압봉 등 다양한 도구를 이용할 수 있다.

(5) 시간 (Duration)

① 부분 또는 안면 마사지 : 10~20분

② 전신 마사지 : 40~60분

(6) 자세 (Position)

마사지 테라피스트의 자세는 고객에게 유익한 관리를 제공할 뿐만 아니라 테라피스트 자신의 건강에도 매우 중요하므로 올바른 자세를 유지할 필요가 있다. 체중을 양쪽으로 균등히 실리게 하고 척추를 바르게 세워 앉고, 양 팔과 상체를 자유로이 움직일 수 있어야 한다. 특히 바디 마사지는 체중을 한쪽 발에서 다른쪽 발로 옮겨 가며 체중의 이동에 의해 생기는 힘을 이용해야 테라피스트의 힘을 절약하고 피로도를 줄일 수 있으며 고객 역시 편안함과 안정감을 느낄 수 있다.

5. 스웨디시 마사지의 기본동작

① 쓰다듬기 (Effleurage or strocking)

마사지의 시작과 종료 시점에 적용하며 손바닥과 손가락을 이용하여 가볍고 부드럽게 근육이나 피부 표면을 쓰다듬고 어루만지는 방법이다. 따뜻하고 부드러운 감촉으로 긴장을 완화하며 심리적인 진정과 안정감을 부여한다. 또한 혈액과 림프의 순환을 원활하게 하는 효과가 있다.

② 마찰하기 (Friction)

손가락 끝이나 손바닥을 이용하여 적절한 압력을 가하면서 피부표면에 원형동작을 그리는 방법이다. 쓰다듬기보다는 좀 더 깊은 조직에 영향을 주게 되며 조직의 혈액 순환을 촉진하고 결체조직의 탄력섬유에 누름 · 당김 등의 자극을 주어 탄력 회복효과를 주며 피지선의 분비를 원활히 하여 피부와 모발에 윤기를 부여해 준다.

③ 반죽하기 (Petrissage or kneading)

엄지와 나머지 네 손가락을 이용하여 근육과 같은 조직을 들어 올리고, 주무르거나 비틀고 누르는 방법으로 근섬유에 비교적 평행하게 실시한다. 혈관의 확장, 근육의 긴장 완화, 피부 톤의 개선 및 탄력성을 증진시켜 주며, 근육을 누르거나 들어 당김으로써 체액이나 노폐물의 제거를 도와서 결체 조직의 부기 해소와 근육피로의 해소에 도움을 준다.

④ 두드리기 (Tapotement or percussion)

손가락, 손바닥, 손날, 주먹을 이용하여 가볍고 리듬감 있게 두드리는 동작으로 마사지를 행하는 부위에 맞게 손의 부위와 세기를 달리 한다. 시술부위의 신진대사를 촉진시키고 감각기관을 자극하고 근육의 위축을 예방하거나 위축진행을 느리게 하며 과잉지방의 축적을 예방한다.

⑤ 떨어주기 (Vibration)

손가락, 손바닥, 손 전체를 사용하여 빠르고 고르게 떨어주거나 흔들어 주는 동작으로 신경과 근육에 적당한 자극을 주어 기능을 항진시켜 주고 근육과 신체의 긴장감을 이완하는 효과가 있다. 혈액의 순환과 림프의 순환을 촉진하고 결체조직을 단련시켜 탄력성을 증가하여 준다.

6. 마사지 동작 적용의 이해

마사지 테라피스트는 반드시 신체의 각 부위에 적용되는 동작을 이해하여야 한다.

① 얇은 조직이나 뼈가 많은 부위에는 가벼운 동작
② 두꺼운 조직이나 살이 많은 부위에는 무게를 싣는 동작
③ 진정과 이완을 위해서는 부드러운 동작
④ 빠른 리듬과 자극효과를 위해서는 강한 동작

2. 마사지 테라피 시 유의할 점

1. 마사지 전의 준비사항

① 테라피 룸의 환경을 편안하고 깨끗하게 준비한다(은은한 조명, 테라피 뮤직 등).
② 테라피스트는 정신적으로 건강해야 하며 긍정적 사고로 고객을 수용할 준비가 되어 있어야 한다.
③ 테라피스트는 신체적으로 건강해야 하며 철저한 위생을 필요로 한다(손톱은 짧고 둥글게 정리,부드러운 손 관리, 손 소독, 과도한 장신구의 착용을 피함, 마스크의 착용, 깨끗한 작업복).
④ 마사지를 피해야 하는지를 고려하여야 하며 피부에 감염이나 열상 등의 이상이 있는지를 확인한다.

마사지의 금기사항

- 이상체온일 때(37.5℃ 이상 열이 있을 때)
- 급성 감염병일 때(감기, 인플루엔자, 장티푸스, 디프테리아 등)
- 화장품 부작용, 심한 화농성 여드름, 알레르기, 피부염, 외상 등이 있을 때
- 자외선에 노출 직후 홍반이 있을 때
- 생리주기, 출산 전 · 후, 정신적으로 불안정한 경우, 고열이 있을 때
- 내장질환 등으로 안정을 요할 때
- 골다공증이 있을 때
- 정맥류가 있을 때
- 수술 후

- 혈종이 있을 때(조직의 재 손상 위험의 증가)
- 임산부일 때 (가슴과 배 마사지 금지)

2. 마사지할 때의 주의사항

① 테라피스트는 항상 고객의 건강상태에 유의하여야 하며, 손놀림은 편안하고 동작은 정확하여야 한다.
② 피부 타입에 알맞은 제품을 사용하고, 시술 시 제품이 눈 · 코 · 입 등에 들어가지 않도록 유의한다.
③ 마사지의 동작은 피부 결 방향(할선 방향), 근육 방향으로 행한다.
④ 지나치게 강한 자극은 피한다.
⑤ 항상 한 손을 피부에 댄 채로 교차하여 마사지의 흐름이 끊기지 않도록 한다.
⑥ 고객의 상태에 따라 마사지 동작의 속도와 강약을 조절한다.
⑦ 고객의 전반적인 상태에 대하여 놀람을 표시하지 않는다.
⑧ 관리부위 외에는 따뜻하고 편안하게 보호하여야 한다.

3. 테라피스트로서 갖추어야 할 사항

피부관리에 들어가기 전 테라피스트는 효율적으로 일을 처리해 나가기 위해 테라피 룸과 베드 및 도구와 물품들이 잘 정리되어 있는지, 사용하기에 편리하게 잘 배치되어 있는지 등을 확인하고 정돈한다.

본격적인 관리가 들어가기 전에 고객이 편안하면서도 만족감을 느낄 수 있는 분위기를 조성하는 것이 중요하다. 관리의 단계마다 시작 전에 고객에게 그 관리에 대한 간단한 내용과 함께 어떤 효과가 있는지를 설명해 주어야 한다. 관리의 모든 과정에 대해 고객이 신뢰감을 가질 수 있도록 배려하는 것은 매우 중요하며, 테라피스트의 자신감 있는 외모와 태도는 고객의 믿음을 이끌어 내는 중요한 요소이다.

(1) 지 식

① 피부와 미용에 관한 이론적 배경과 전문지식
② 구사하는 테크닉의 과학적 원리
③ 스킨케어 전문화장품과 성분에 대한 풍부한 지식
④ 고객관리 및 상담기법

(2) 능 력

① 정확한 피부 타입 분석 및 문제점 판별 능력
② 부위와 상태에 따른 효율적인 마사지 테크닉
③ 새로운 이론, 기법에 대한 정보 수집 및 활용 능력
④ 성공적인 상담을 위한 대화 능력(경험과 느낌을 토대로 설득)

(3) 이미지

① 상냥하고 부드러우며 친절한 이미지(외모, 표정, 태도, 목소리)
② 단정하고 신뢰감을 주는 이미지 연출
③ 가볍고 부드러운 메이크업
④ 단정하고 청결하며 단순한 디자인의 관리사 가운

(4) 자 세

① 성실성, 친절함, 긍정적인 마음가짐
② 고객을 사랑하는 마음, 고객에 대한 봉사의 마음, 고객에 대한 배려
③ 동작이나 자세는 차분하고 침착하게 하고 행동은 절도 있게 보여야 한다.
④ 목소리의 크기를 일정하게 하며 표준말을 구사한다.
⑤ 고객의 사생활 보호의 의무를 다한다.
⑥ 동료직원과 협조하며 서로 존중한다.

(5) 위 생

① 테라피스트는 위생관리방법에 대한 교육과 책임의식을 가져야 한다.
② 테라피스트의 개인 위생 상태를 유지한다.(유니폼, 헤어스타일, 체취, 구취, 손과 손톱 관리)
③ 테리피 룸의 환경 위생, 사용기기, 기구, 비품 등의 위생관리 및 공중보건을 위한 철저한 위생규칙의 실천이 필요하다.
④ 건강하고 아름답게 보이도록 테라피스트 스스로의 개인 건강관리 및 체형관리와 내적 건강에 힘쓴다.

4. 테라피 룸의 환경 및 조건

① 고객의 휴식과 안정을 위하여 편안한 느낌의 부드러운 벽면 컬러의 선택 및 피부관리에 적합한 밝기의 조명을 선택하고 빛의 세기를 조절할 수 있도록 한다.
② 바닥은 청소와 소독이 용이하며, 미끄럽지 않은 소재를 선택한다.
③ 냉 · 난방 조절이 잘 되도록 한다.
④ 환기가 잘 되도록 하여 항상 쾌적한 환경이 유지되도록 한다.
⑤ 채광 및 조명시설에 유의하며 명도 및 빛 조절이 용이하도록 한다.
⑥ 파우더 룸 및 화장실은 항상 청결히 유지한다.

5. 기구 및 도구류의 관리

미용기구 및 도구류는 사용 후 오염원의 제거를 위해 적절한 세제를 이용하여 세척한 후 살균 · 소독한다.

① 미용기기의 부속품 : 미온수에 세제를 희석하여 닦은 후 물기를 제거하고 자외선 살균 소독기에 소독한다.
② 각종 볼(bowl), 브러시(brush), 스패튤러(spatula) 등 : 미온수에 세제를 희석하여 닦은 후 물기를 제거하고 자외선 살균 소독기에 소독한다.
③ 족집게, 핀셋(pincette), 여드름 압출기 : 미온수로 닦고 자외선 소독 후 70% 소독용 알코올에 20분 이상 담근 후 사용한다.
④ 확대경, 우드램프(wood lamp), 관리용 베드, 정리대, 사용물품 : 사용 전 · 후에 깨끗이 닦고 미용기기 등은 덮개를 씌워 보관하여 먼지나 이물질이 끼지 않도록 한다.
⑤ 시트(sheet), 터번(turban), 이불, 수건, 고객 가운 : 한 번 사용 후 세탁하여 햇빛에서 완전히 건조한 후 사용한다.

Part 2
페이셜 트리트먼트

Part 2 페이셜 트리트먼트

1. 페이셜 트리트먼트를 위한 준비 및 기본 세팅

1. 고객맞이 및 안내

사람의 첫인상은 3~ 4초 안에 결정된다고 한다.

새로운 만남이 시작되는 단계에서 고객이 신뢰를 결정하는 데는 불과 3~4분이 채 걸리지 않는다고 한다. 이 짧은 시간 안에 고객을 맞는 태도나 표정, 자세, 복장, 헤어스타일 등은 테라피스트에 대한 고객의 신뢰를 결정하는 중요한 단서이다. 그러므로 고객을 맞을 때는 이러한 점을 항상 유념하여 좋은 인상을 가꾸어나가야 할 것이다.

(1) 인사예절

밝은 목소리의 가벼운 인사말과 함께 미소지으며 고객과 눈을 맞춘 후 허리를 30~40도로 굽혀 인사하고 간단히 자신을 소개한다.

(2) 안내 예절

① 고객을 안내할 때에는 안내자가 앞에서 손으로 방향이나 목적지를 가리키며 고객의 눈을 바라보며 고객의 이해를 체크한다.

② 고객을 베드(bed)로 안내할 때에는 이불의 한 끝을 삼각형으로 접어 고객이 눕는 과정을 돕고 이불을 정돈한 후 고객의 가운 및 슬리퍼를 가지런히 정리한다.

2. 베드 세팅

일반적으로 베드에는 시트와 이불이 덮여 있어야 하며 마사지 부위에 따라 추가로 필요한 중간 또는 작은 타월 등을 준비해 두어야 한다. 또한, 얼굴관리 시에는 이불깃이 고객의 피부에 닿지 않도록 하고 고객의 데콜테(decollete)를 감싸주는 용도의 작은 타월과 터번을 깔끔하고 보기 좋게 접어 침대 머리맡에 두어 한 사람만의 고객을 위한 위생적인 준비가 되어 있음을 보여주는 것이 고객의 신뢰를 이끌어 내는 데 좋다.

3. 정리대 세팅

(1) 목 적

위생적인 환경의 유지와 신속하고 효율적인 작업수행을 위하여 사용하는 제품과 도구들의 전문적인 준비가 요구된다.

(2) 제품 및 도구의 종류

① 화장품 : 피부유형과 피부관리의 목적에 따라 전문화장품을 준비한다.
② 화장솜 : 토너정리 시, 잔여물을 닦을 때 사용한다.
③ 거즈(gauze) : 팩과 마스크의 적용 시 필요에 따라 사용한다.
④ 면봉 : 부분화장을 지울 때, 작은 부위에 제품을 도포할 때, 여드름 압출 시 사용한다.
⑤ 해면 : 피부의 노폐물 및 잔여물을 자극 없이 제거하는 데 사용한다.
⑥ 스패튤러 : 크림 등의 화장품을 덜거나 팩의 도포나 혼합 시에 사용한다.
⑦ 기타(가위, 티슈, 여드름 압출기, 핀셋, 스팀 타월, 눈썹수정도구, 휴지통)

(3) 방 법

① 제품 및 도구의 준비

- 정리대 위에는 항상 깨끗한 일회용 타월 등을 깔아서 정리한다.
- 고객에게 사용할 화장품 및 도구는 위생적인 상태로 준비한다.
- 화장솜은 마른 것과 젖은 것을 구분하여 각각 깨끗한 용기에 담는다.
- 알코올에 적신 화장솜은 뚜껑 있는 소독된 용기에 넣는다.
- 쪽집게, 핀셋, 눈썹정리도구, 여드름 압출기 등은 자외선 소독기에서 소독 후 소독된 통에 담아 둔다.
- 팩 브러시는 부드럽고 자극이 없는 소재로 준비한다.
- 용도에 맞는 종류의 팩 볼을 준비한다.
- 습포는 용도에 맞게 미리 온장고나 냉장고에 넣어 준비한다.
- 따뜻한 물이 담긴 해면 볼(sponge bowl)을 준비한다.
- 해면은 부드러운 천연소재로 준비한다.
- 휴지통은 일회용 비닐을 깔아 베드 아래쪽에 놓는다.

② 트롤리 세팅 방법

- 작업을 신속하고 수월하게 할 수 있도록 정리한다.
- 관리의 순서에 따라 정리한다.
- 제품명이 잘 보일 수 있도록 크기 순으로 계단식으로 배치한다.

(4) 주의사항

① 사용상 편리하고 시각적으로 깔끔한 이미지를 줄 수 있도록 정리한다.
② 도구는 소독하여 준비한다.
③ 제품을 덜어 쓸 때는 반드시 스패튤러를 사용한다.
④ 사용한 화장품은 반드시 뚜껑을 닫아 오염이나 변질을 막는다.
⑤ 사용한 도구와 깨끗한 도구는 반드시 분리하여 정리한다.

2. 얼굴과 목뼈 근육의 페이셜 트리트먼트

1. 얼굴과 목의 뼈 구성

(1) 머리뼈의 구성

뇌머리뼈와 얼굴뼈로 이루어져 있다. 머리뼈는 척추의 위쪽 끝에 놓여 있어 머리의 운동이 자유로이 일어나도록 해주고, 특수감각기관(눈, 코, 귀)을 보호하며, 머리뼈 공간을 형성하여 뇌를 보호한다.

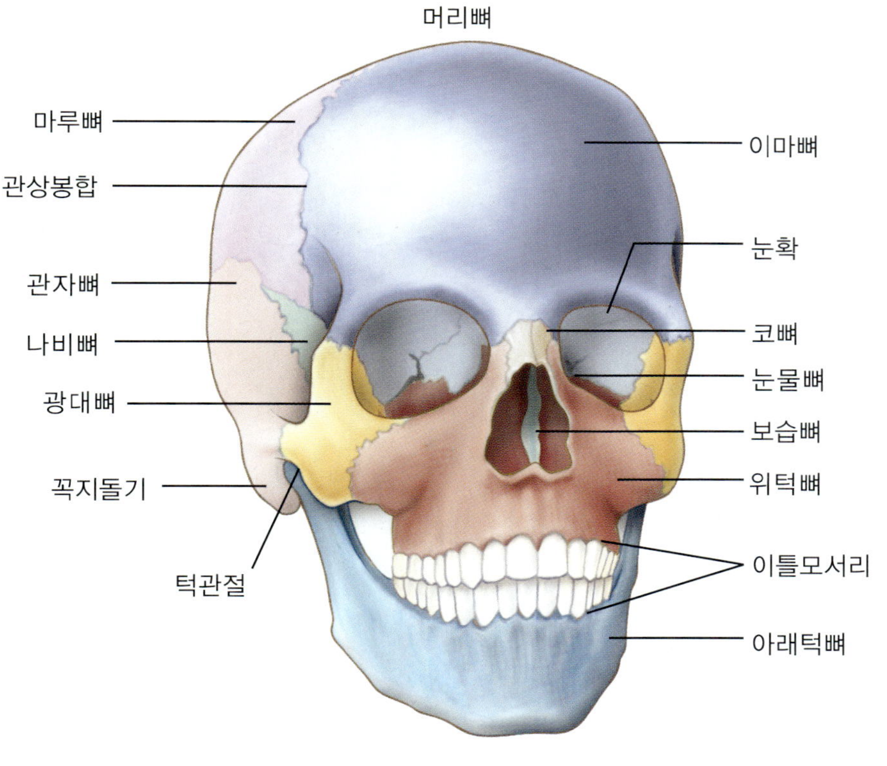

(2) 목뼈의 구성

7개의 뼈로 구성되어 있으며, 진성 척추뼈 중에서 가장 작고 운동성이 크며, 가로돌기 구멍으로 척추 동 · 정맥이 통과한다.

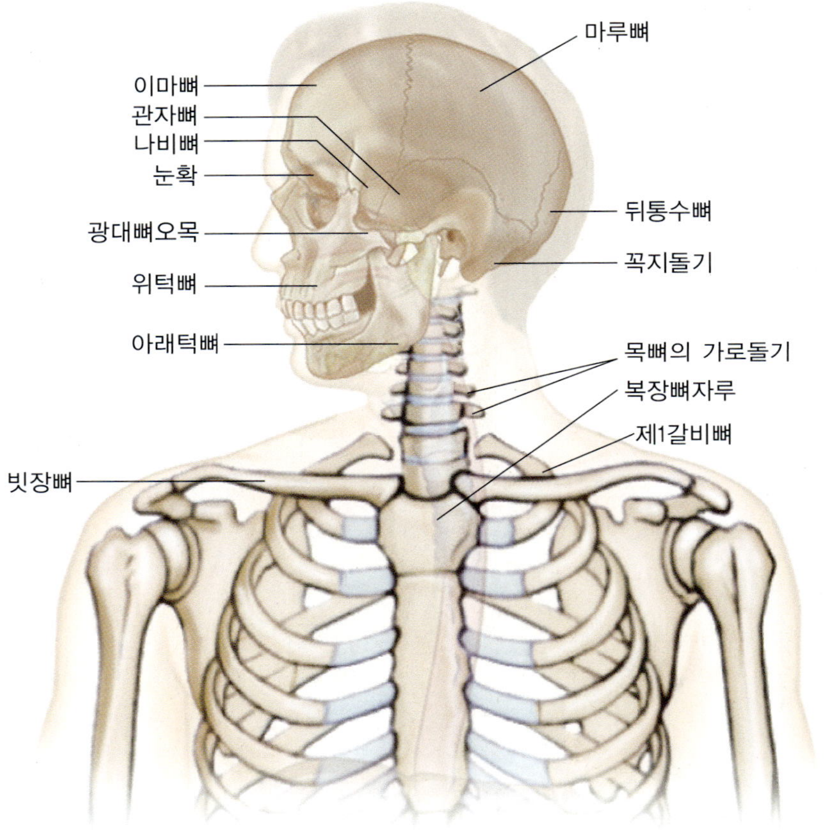

2. 얼굴과 목의 주요 근육 구성

(1) 얼굴의 근육

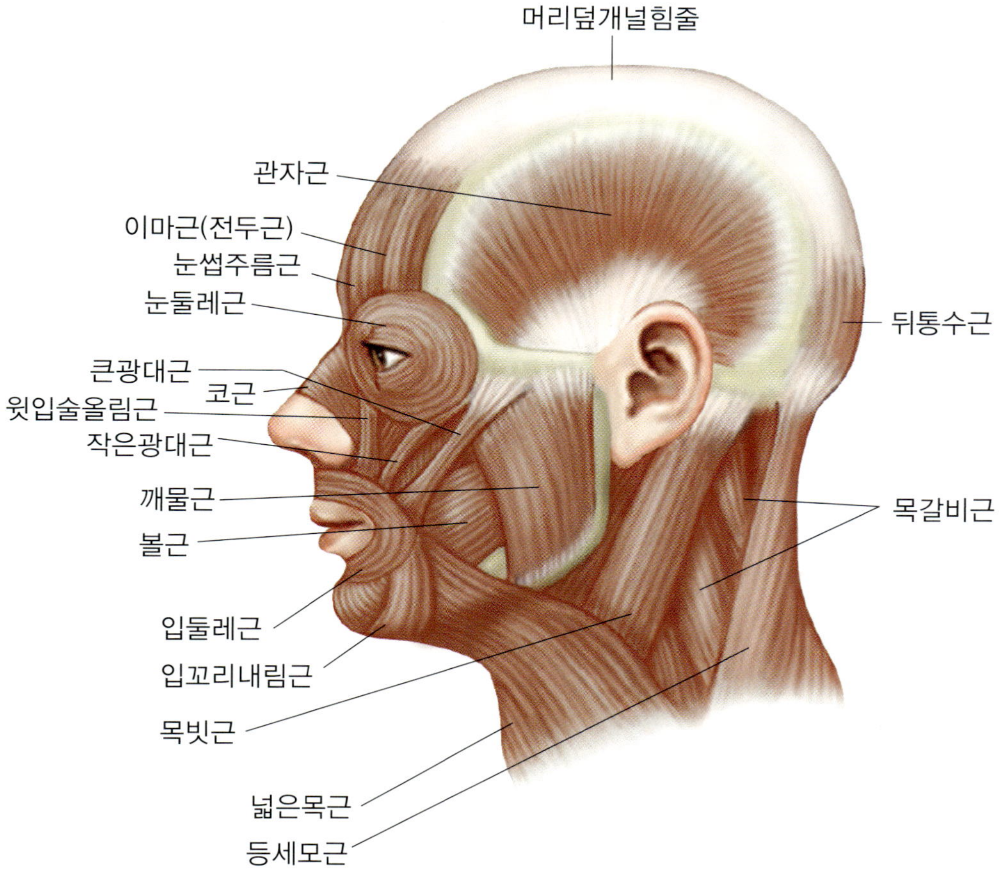

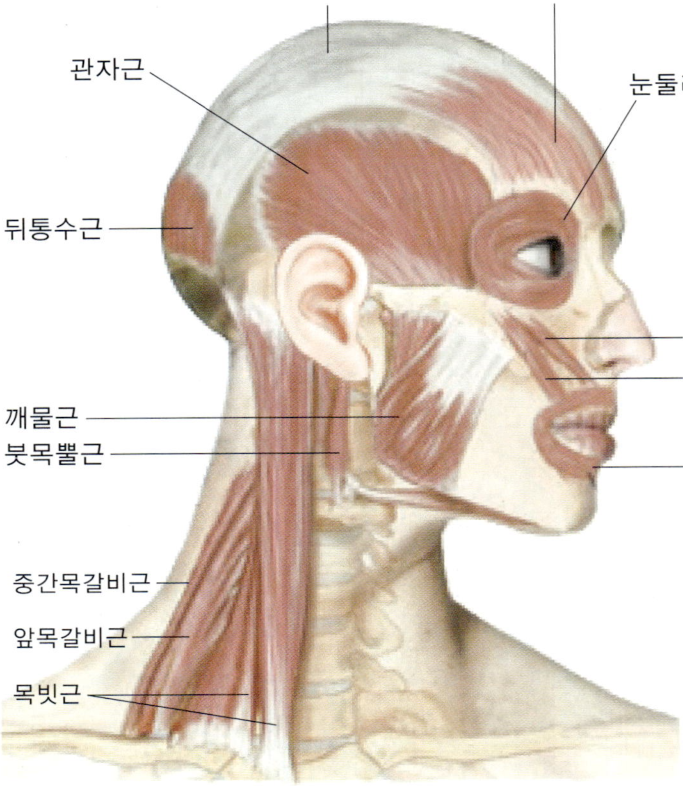

① 이마근 (전두근)

- 부착지: 머리덮개널힘줄(모상건막)에서 눈썹 윗 부분, 눈둘레근(안륜근)의 일부분, 코의 뿌리에 부착한다.
- 작용: 눈썹을 올리고 이마에 주름을 만든다.
  뒤통수근(후두근)과 작용하여 두피를 후방으로 옮기고 이마의 피부를 위로 당기며 두려움을 느낄 때 머리카락을 세운다.

② 뒤통수근 (후두근)

- 부착지: 머리덮개널힘줄(모상건막)에서 뒤통수뼈의 융기에 부착한다.
- 작용: 머리덮개널힘줄을 끌어당기고 고정시키면서 뒤쪽으로 두피를 당긴다. 눈썹을 올려서 놀란 표정이나 이마에 주름을 만든다.

③ 눈둘레근 (안륜근)

- 부착지: 안쪽으로는 위턱뼈, 이마뼈, 안쪽 눈확인대와 눈꺼풀, 위쪽 안쪽의 눈확에 부착한다.
- 작용: 의도적으로 눈꺼풀을 깜박이거나 강하게 눈꺼풀을 감는다. 눈을 가늘게 뜬다.

④ 눈썹주름근 (추미근)

- 부착지: 눈확 위 모서리 안쪽 부분에서 눈 주위 피부에 부착한다.
- 작용: 눈썹을 내리고 이마에 주름을 형성, 눈살을 찌푸릴 때 주름을 만든다.

⑤ 작은광대근 (소관골근, 슬플 때)
큰광대근 (대관골근, 웃을 때)

- 부착지: 관골근에서 입술 주위의 입둘레근 조직에 부착한다.
- 작용: 웃을 때 입의 양쪽을 뒤쪽 윗방향으로 당긴다.

⑥ 코근 (비근)

- 부착지: 위턱뼈 송곳니 융기에서 코 연골의 널힘줄에 부착한다.
- 작용: 콧방울을 당기거나 콧구멍을 누른다.

⑦ 관자근 (측두근)

- 부착지: 관자뼈의 바깥 면에서 아래턱뼈의 의 갈고리돌기와 가지에 부착한다.
- 작용: 턱 닫기와 당기기 및 아래턱뼈를 안정자세로 유지시킨다.

⑧ 깨물근 (교근)

- 부착지: 광대활에서 아래턱 가지의 가쪽 면에 부착한다.
- 작용: 턱을 닫고 앞으로 내미는 것을 보조하고 아래턱뼈를 위로 당긴다.

⑨ 입둘레근 (구륜근)

- 부착지: 입술 주위의 근육섬유에서 입술의 피부와 점막에 부착한다.
- 작용: 입을 닫고 입술을 오므린다.

⑩ 턱끝근 (이근)

- 부착지: 아래턱뼈의 앞니오목에서 턱 끝의 피부에 부착한다.
- 작용: 아랫입술을 위로 당기거나 앞으로 내민다.

(2) 목의 근육

① 넓은목근 (광경근)

- 부착지: 큰가슴근과 어깨세모근위의 근막에서 아래턱뼈, 입 주위 근육에 부착한다.
- 작용: 아래턱 내리기, 아랫입술 아래로 당기기, 목의 피부를 당긴다.

② 목빗근 (흉쇄유돌근)

- 부착지: 복장뼈자루, 빗장뼈 안쪽에서 관자뼈의 꼭지돌기에 부착한다.
- 작용: 양쪽으로 /목 굽히기
  한쪽으로/ 같은 쪽으로 목 굽히기, 반대쪽으로 머리 돌리기

③ 등세모근 (승모근)

- 부착지: 바깥뒤통수뼈융기, 목덜미뼈인대, 제7목뼈와 모든 등뼈 가시돌기에서 빗장뼈 가쪽 1/3, 어깨뼈가시, 어깨뼈가시뿌리에 부착한다.
- 작용: 어깨뼈 올리기, 위쪽으로 돌리기, 어깨뼈를 뒤로 당겨 모은다.

3. 클렌징

클렌징(cleansing)은 페이셜 트리트먼트에서 가장 먼저 시행되는 과정으로 피부표면에 묻어 있는 피지, 먼지, 메이크업 등의 더러움을 제거하여 피부 위생을 유지하게 하며 신진대사를 원활히 하여 다음 단계의 트리트먼트의 효율성을 높여 주는 기본적인 손질 단계로 피부의 건강과 아름다움을 유지해 준다.

1. 클렌징을 위한 준비물

화장솜, 면봉, 스패튤러, 해면, 티슈, 볼(bowl), 아이메이크업 리무버, 클렌저(cleanser), 토너(toner)

2. 고객에 대한 준비

① 데콜테(decollete) 부위가 노출되는 피부관리용 가운으로 갈아입는다.
② 액세서리를 제거하여 고객이 직접 보관하도록 한다.
③ 이불을 사선으로 접어 고객이 눕기 쉽게 해준다.
④ 고객의 머리가 침대의 최상단에 오도록 눕힌다.
⑤ 고객의 몸에 직접 닿지 않도록 타월을 이용하여 이불깃을 감싸서 정리한다.
⑥ 알맞은 크기의 터번을 이용하여 머리카락이 보이지 않게 정리한다.
⑦ 슬리퍼를 신기 쉽게 침대 밑에 가지런히 정리한다.

3. 포인트 메이크업 클렌징

(1) 화장솜 쥐는 법

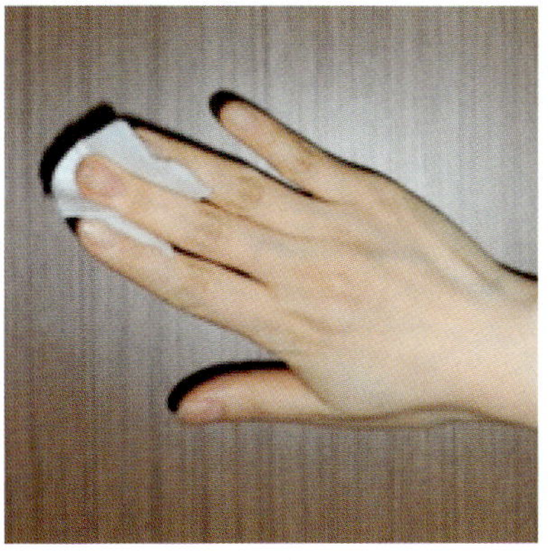
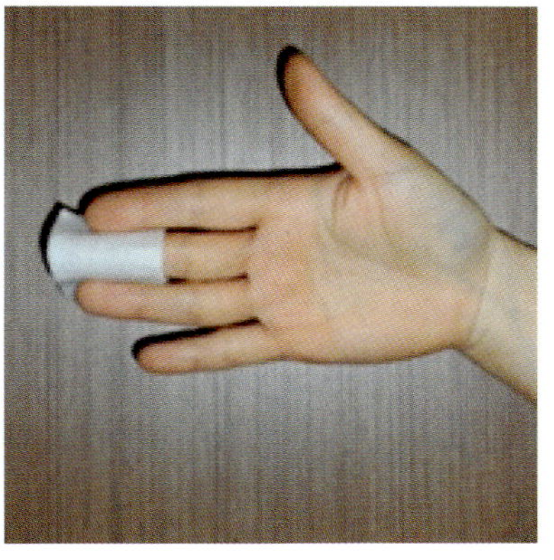

화장솜을 중지의 끝이 나오지 않게 끼워 사용한다.

(2) 면봉 쥐는 법

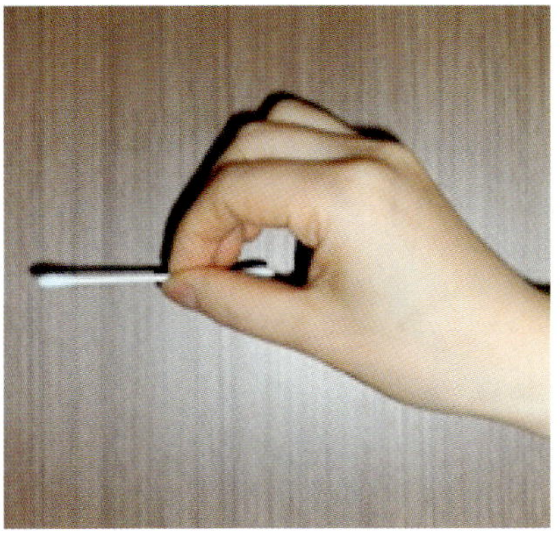

엄지와 검지로 면봉의 1/2지점을 잡고 뉘어서 둥글리며 사용한다.

(3) 티슈 접는 법

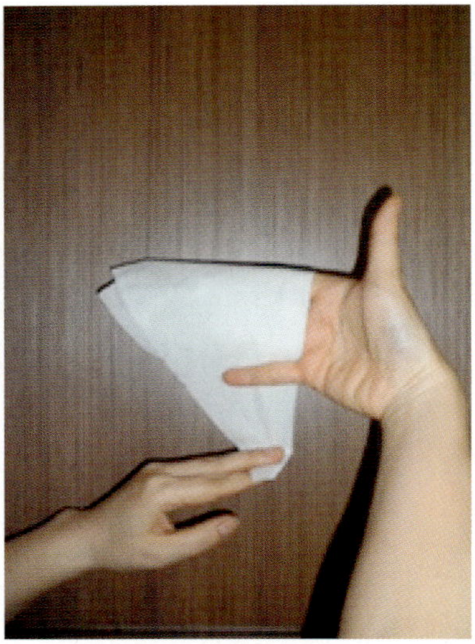

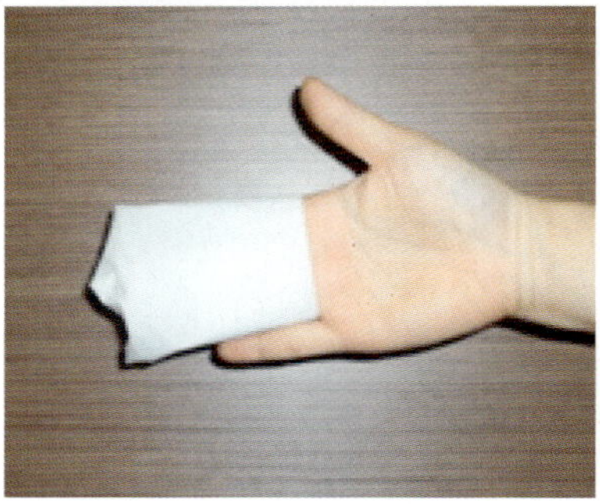

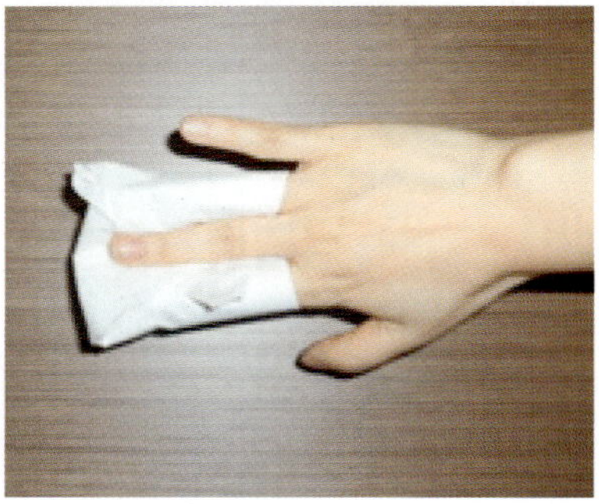

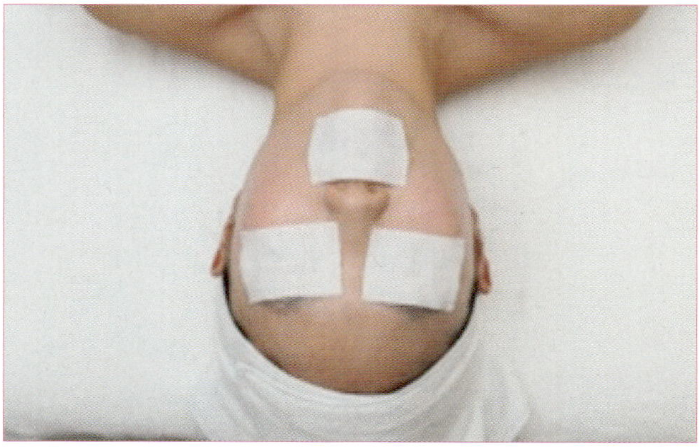

① 화장솜 올리기

젖은 화장솜에 아이메이크업 리무버를 묻힌 후 눈과 입술에 올려 놓는다.

② 눈두덩이와 눈썹 지우기

중지가 속눈썹 위에 올라가도록 2 · 3 · 4지를 눈 위에 가볍게 올려놓은 후 살짝 솜을 잡고 바깥쪽 방향으로 닦아낸다. 솜을 뒤집어서 깨끗한 부위를 이용하여 눈두덩이와 눈썹을 앞머리에서 꼬리 쪽으로 닦아낸다.
(다른 쪽의 눈두덩이와 눈썹도 같은 방법으로 지운다)

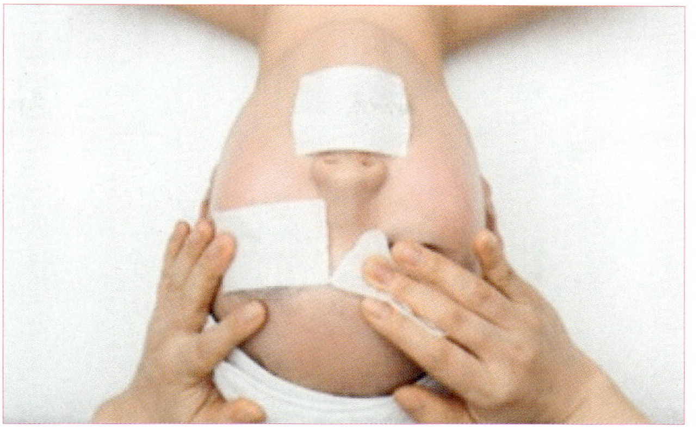

③ 마스카라 지우기

리무버를 묻힌 화장솜을 반대편 엄지를 이용하여 눈썹을 살짝 들어주면서 아래 속눈썹 밑에 두고 (바깥 ↔안쪽) 면봉으로 속눈썹 위를 지긋이 누르면서 굴려 준다.

화장솜의 2/3를 접어 올려 속눈썹을 감싼 후 중지로 속눈썹을 지긋이 누른 후 잡아서 뺀다.

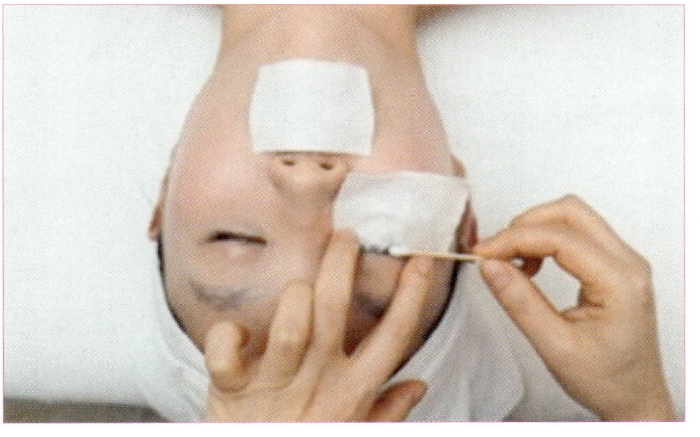

④ 아이라인 지우기

면봉을 이용하여 위쪽의 아이라인을 밖에서 안으로, 다시 바깥으로 지워 준다. 반대편 손으로 눈썹을 살짝 이마 방향으로 당겨 주고, 아래쪽 아이라인을 밖에서 안으로 면봉으로 압력을 주지 않고 부드럽게 지워 준다.

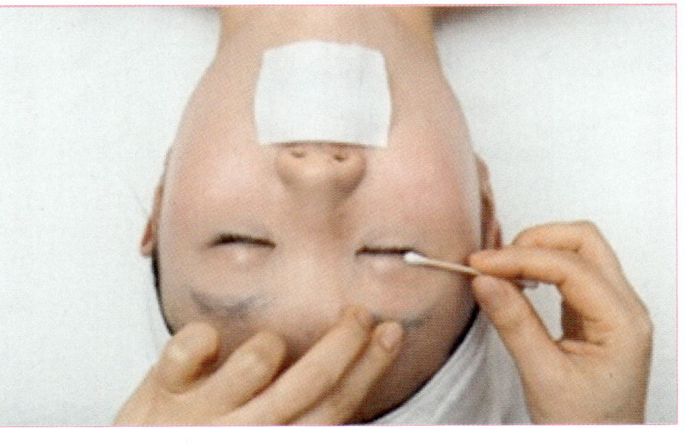

⑤ 입술화장 지우기

한 손은 한쪽 입 꼬리를 가볍게 잡아주고 다른 손의 중지가 위 · 아래 입술 사이에 놓이도록 2 · 3 · 4지를 가볍게 입술에 밀착하여 바깥으로 지워 준 후 뒷면을 이용하여 윗입술은 위에서 아래로, 아랫입술은 아래에서 위로 지운다.

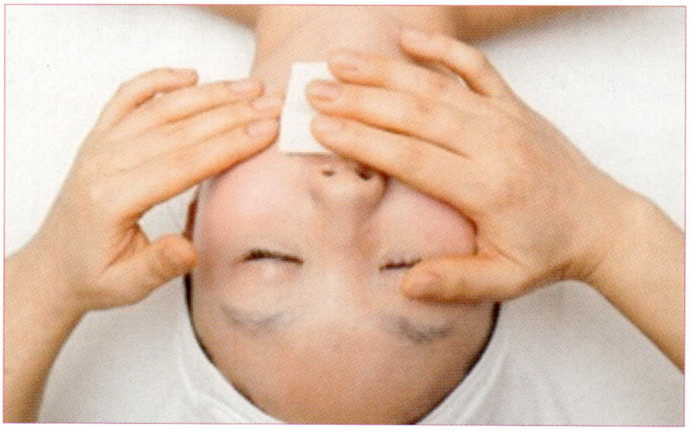

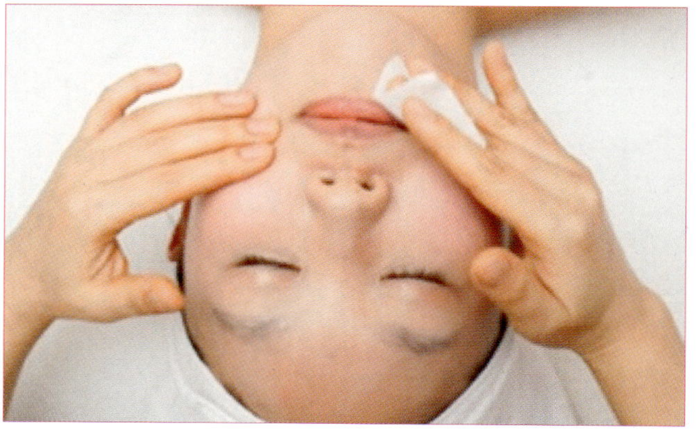

4. 페이스 클렌징

① 나눠주기

양 손에 적당량의 클렌저를 덜어 가볍게 비벼 손바닥에 고루 묻혀서 손가락의 끝 마디 부분부터 데콜테 → 목 → 턱 → 볼 → 이마 → 코의 순으로 적당하게 나눠 준다.

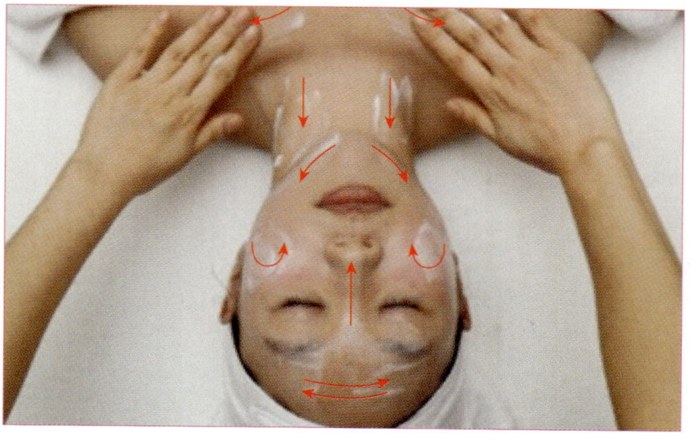

② 펼쳐주기

나눠진 클렌저를 이마 → 코 → 볼 → 인중 → 턱 → 목 → 데콜테의 순으로 펼쳐 준다.

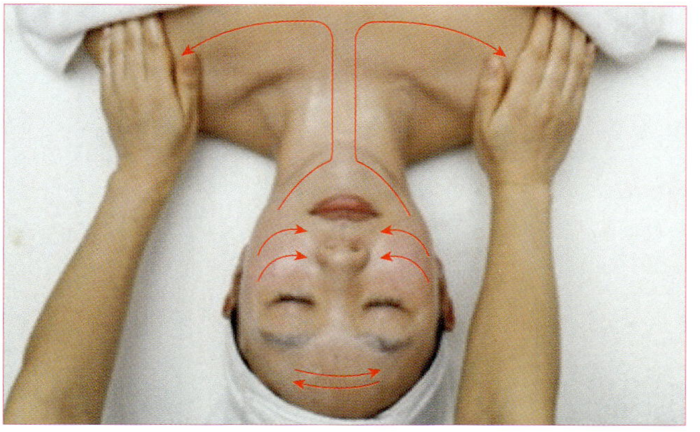

③ 데콜테 쓸어주기

양 손바닥으로 좌 · 우 교대로 데콜테를 횡으로 쓸어 준다.

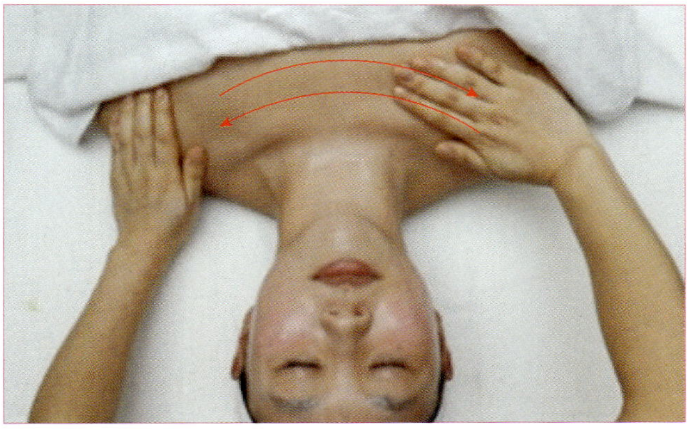

④ 목 쓰다듬기

양 손바닥을 교대로 반씩 겹치면서 목의 왼 측면에서 시작하여 오른 측면으로 아래에서 위로 부드럽게 쓸어 올린다(왕복 1회).

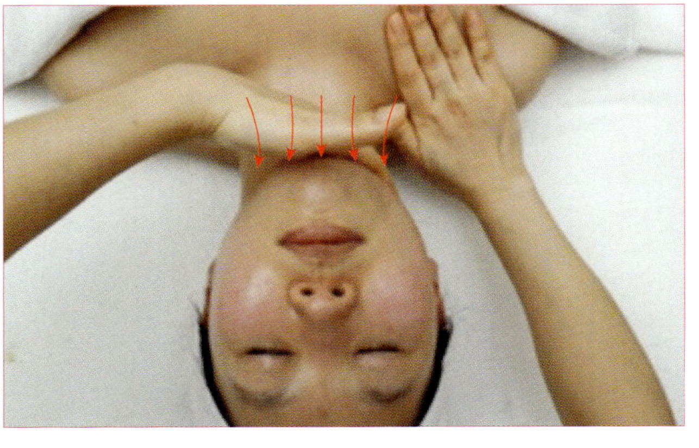

⑤ 턱 쓰다듬기

손바닥으로 턱 선을 감싸서 아래 턱뼈를 따라 귀밑까지 양 손을 교대로 쓸어 준다(3회 반복).

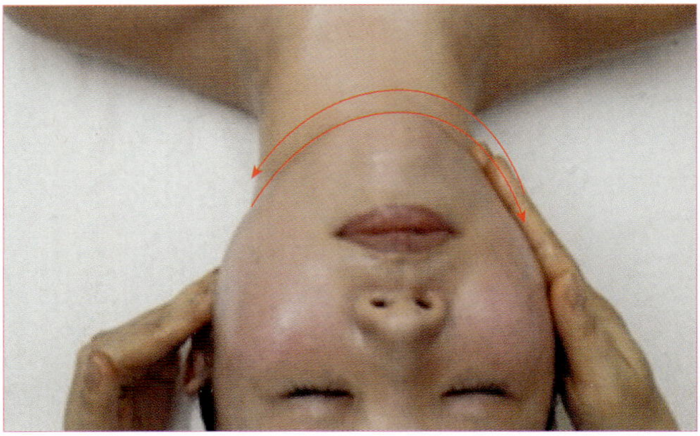

⑥ 3단계 둥글리기

볼 부위를 세 부위(승장 → 귀밑, 지창 → 귀문 앞, 영향 → 관자놀이)로 나눠서 수영 반대방향으로 나선형으로 둥글려 준다.

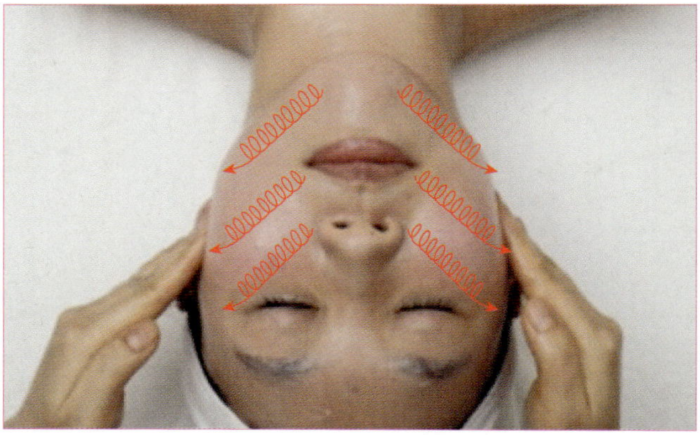

⑦ 눈 주위 쓰다듬기

양 손 중지로 관자놀이에서 눈밑을 돌아 가볍게 눈썹 앞머리를 지압하고 눈썹 위를 돌아 2 · 3 · 4지로 관자놀이를 지압한다.

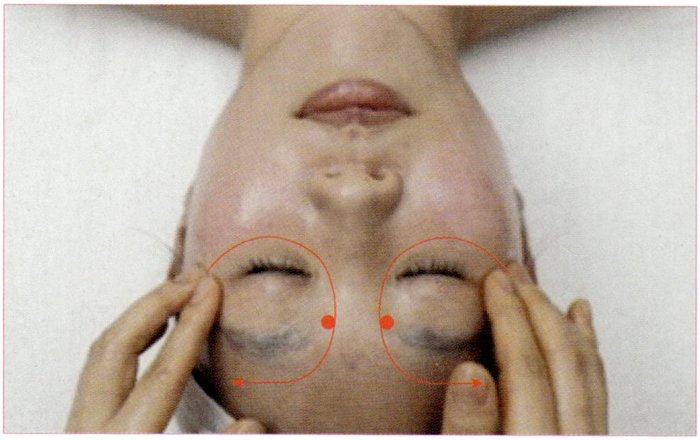

⑧ 이마 쓰다듬기

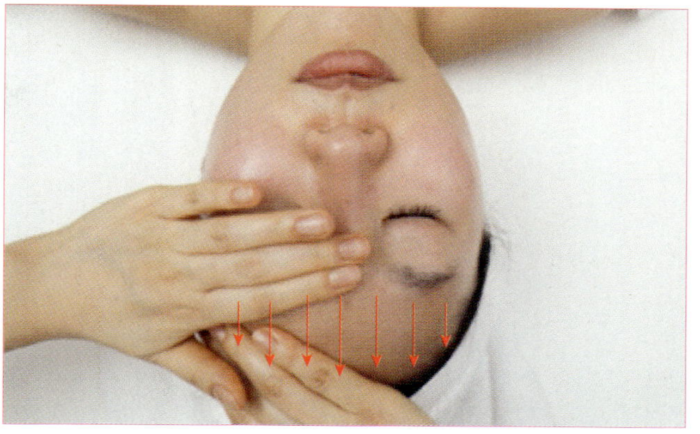

양 손바닥을 교대로 반씩 겹치면서 왼쪽 관자놀이에서 오른쪽까지 아래에서 위로 이마를 부드럽게 쓸어 올린다(왕복 1회).

양 손바닥으로 이마를 횡으로 교대로 쓰다듬는다.

⑨ 코벽 쓰다듬기

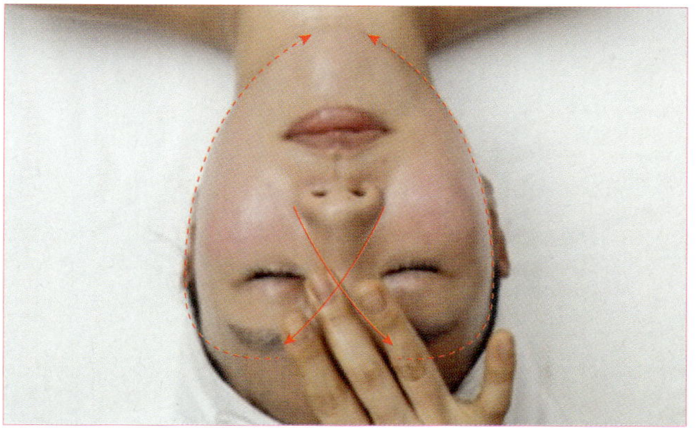

중지로 눈 밑을 돌아 코 벽을 대각선으로 교차시키며 3회씩 교대로 쓸어 올린 후 손바닥으로 얼굴 선을 따라 부드럽게 턱 끝으로 이동한다.

⑩ 턱 주위 문지르기

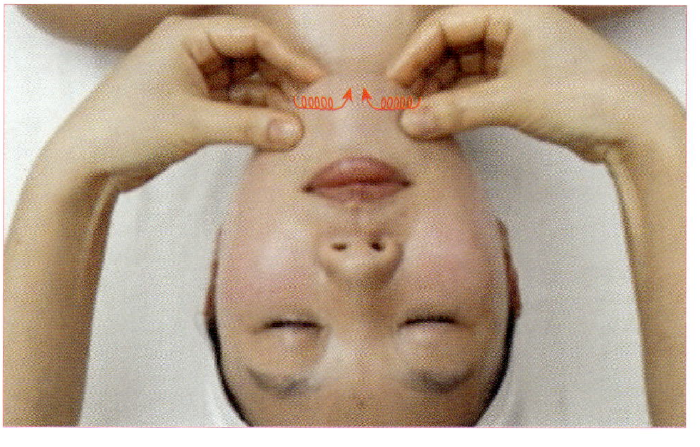

턱 아래에 2 · 3 · 4지를 고정시키고 턱 주위를 엄지의 지문부위를 이용하여 원을 그리듯이 문지른다.

⑪ 인중 문지르기

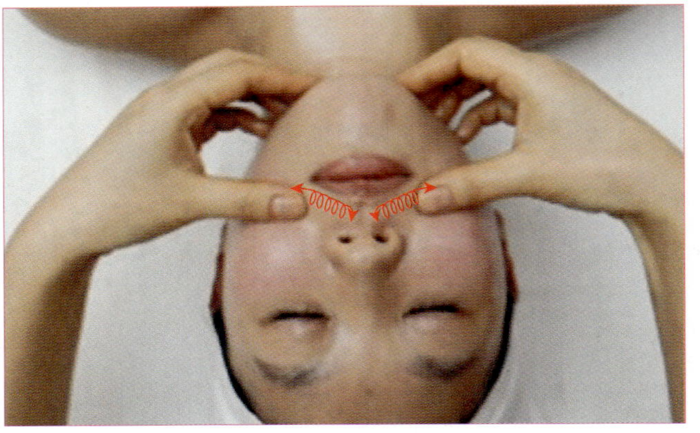

턱 아래에 2 · 3 · 4지를 고정시키고 인중 부위를 엄지의 지문부위를 이용하여 나선형의 원을 그리듯이 문지른다(왕복 3회).

⑫ 콧망울, 코벽 문지르기

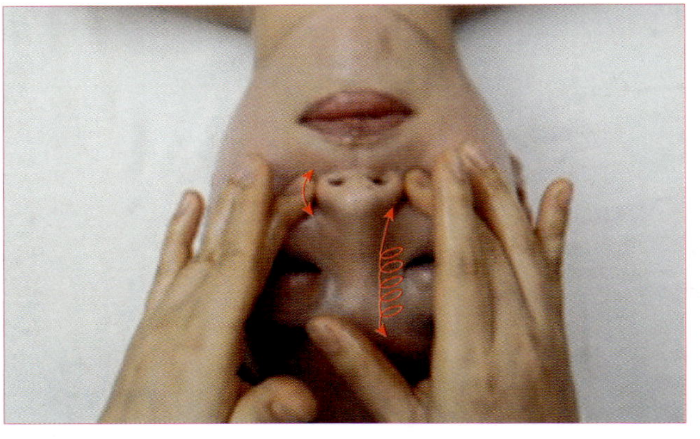

중지를 끌어 올려 콧볼의 마주보는 C자형을 위와 아래로 문질러 준다.

중지로 콧볼을 수영 반대방향으로 원을 그리며 문지르고 코 벽을 따라 측면을 문질러 준다(위 ↔ 아래, 왕복 3회).

⑬ 얼굴 감싸서 끝맺음 동작

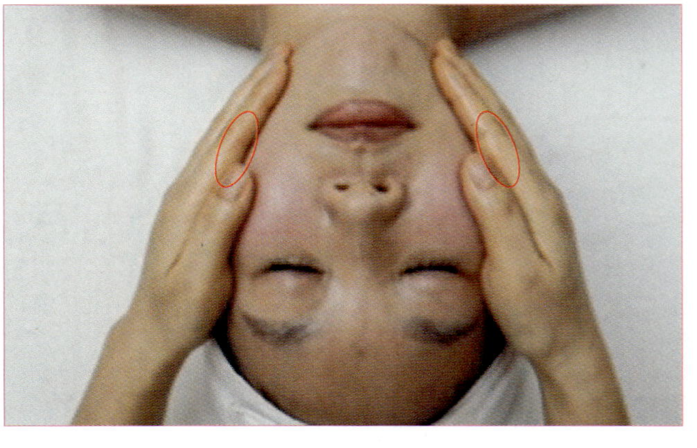

양 손바닥으로 이마를 쓸고 볼로 미끄러져 부드럽게 볼을 감싸서 마무리한다.

5. 클렌징 마무리

(1) 티슈로 닦기

티슈 사용법

- 티슈의 접힌 선을 코 선에 맞게 올려놓고 양손으로 눈 부위를 지긋이 누른 후, 검지를 영향점에 놓고 얼굴의 윗부분을 전체적으로 감싸서 가볍게 눌러 준다.

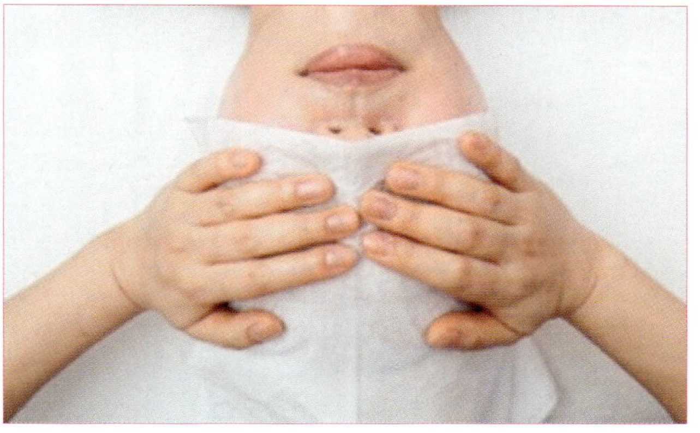

- 티슈의 왼쪽 끝을 살짝 누르고 그대로 돌려서 코 밑에 두고 아래얼굴을 전체적으로 감싸서 가볍게 눌러 준다.

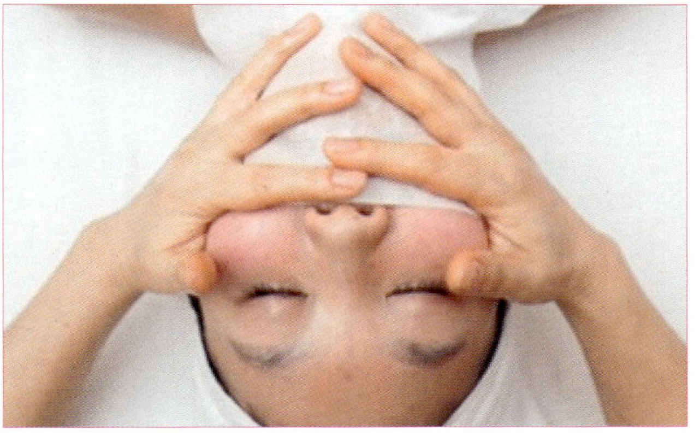

- 목 부위로 내려 목과 데콜테 부위를 가볍게 눌러 준다.
- 티슈를 대각선으로 접어 손가락을 감싸서 잔여물을 찍어낸다.
- 사용한 티슈로 테라피스트의 손을 정리하며 마무리한다.

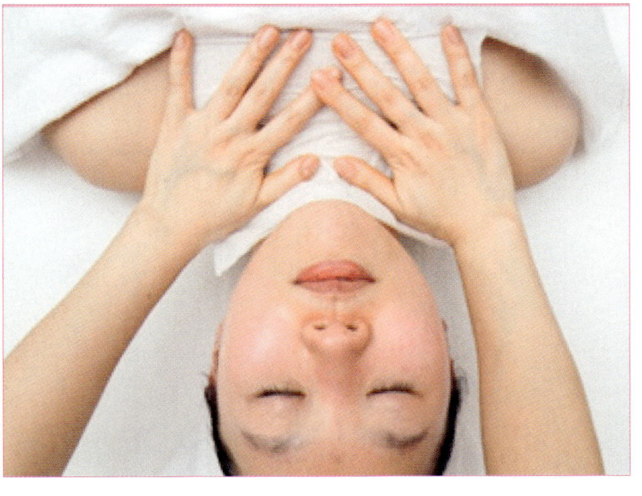

(2) 해면(Sponge)으로 닦기

해면의 흡착성을 이용하여 클렌징 또는 마사지 후, 팩의 마무리 시에 남아 있는 잔여물을 제거하기 위해 사용된다. 민감 피부나 여드름 등의 피부에는 해면보다 일회용 화장솜을 사용하는 것이 좋다.

① 해면 사용 시 유의할 점

- 해면은 재사용해야 하므로 사용 후 반드시 중성 세제로 세척하여 햇볕에 건조한 후 자외선 소독기에 넣어 소독한다.
- 해면을 사용할 때에는 미리 물에 담가 부드럽게 한 후 물기를 적당히 제거하여 사용 시 피부에 물이 흘러내리지 않도록 한다.
- 해면 사용 시 피부표면 부위에 따라 적절하게 압력을 조절하여 피부에 자극이 되지 않도록 유의하여 사용한다.

② 해면사용법

- 눈 주위

해면을 눈 위에 올리고 양 손바닥을 이용하여 가볍게 압(壓)을 준 후 압을 빼고 눈꼬리 쪽으로 부드럽게 닦아 준다.

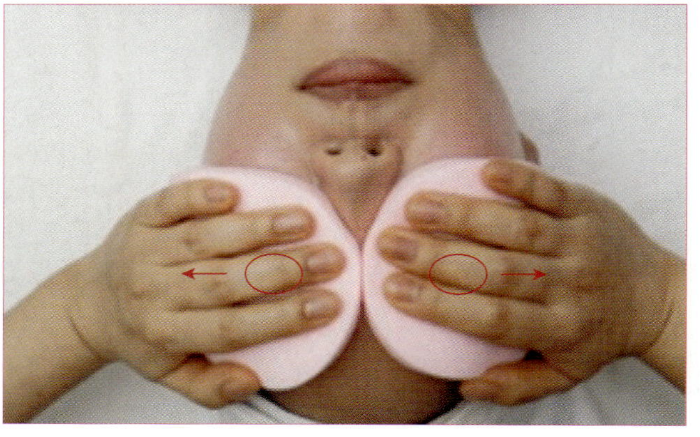

- 이마

해면을 검지에 끼고 이마를 세 부분으로 나누어 부드럽게 닦아 준다(눈썹 포함 1선, 이마 중앙, 헤어라인 포함 3선).

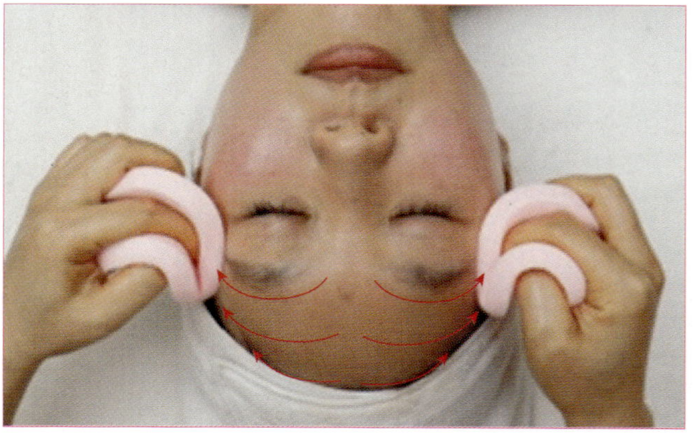

• 눈 밑 & 볼

사용하지 않은 부위를 이용하여 눈 아래를 압 없이 터치하듯이 닦아주고 볼을 부채살을 펼치듯이 귀 쪽으로 닦는다.

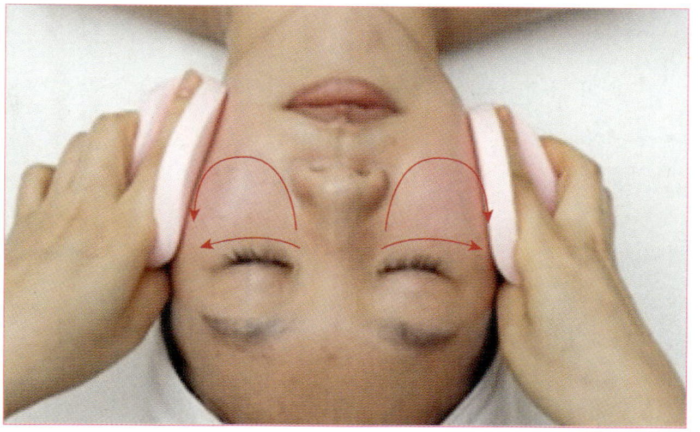

• 코

한 손을 코볼옆에 두고 한 손으로 콧볼 → 코벽 → 콧등 → 코벽 → 콧볼 순으로 닦는다.

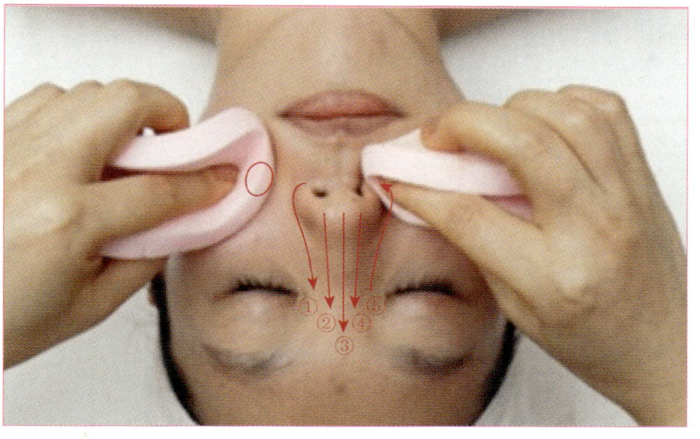

• 인중 & 턱

양 손을 교대로 인중과 턱 중앙을 닦고 해면을 넓게 펼쳐 양 손으로 동시에 턱 선에서 귀 밑까지 닦는다.

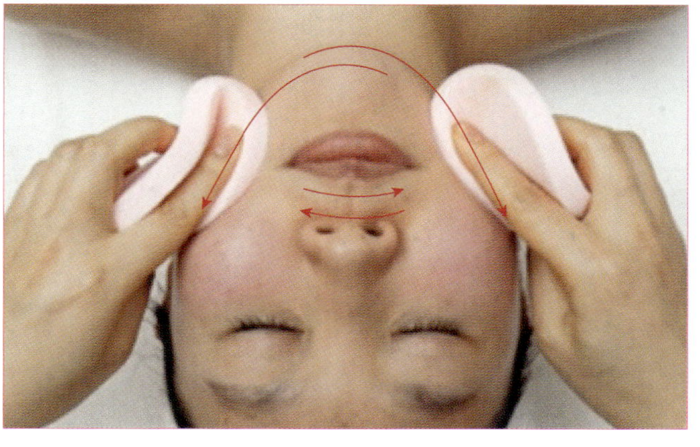

• 목과 데콜테

양 손으로 목을 바깥쪽으로 닦고, 데콜테(decollete : 목이 깊게 파인 형태)를 횡으로 닦고, 어깨를 감싸고 목 측면을 타고 올라온 후에 귀를 말아 잡아서 귀 볼과 귀 안을 닦는다.

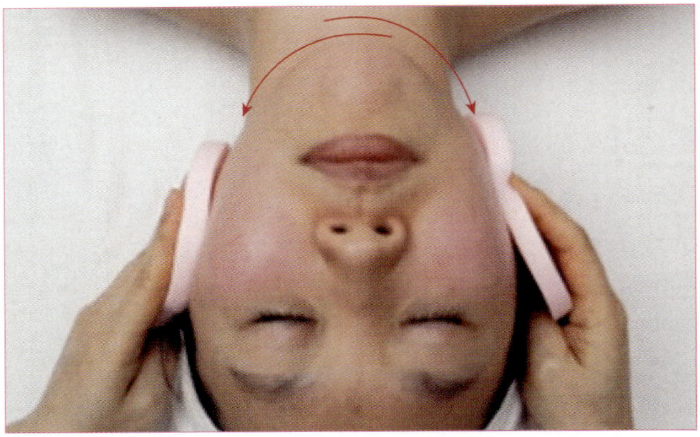

(3) 습포(Compress)

트리트먼트 과정 중 잔여물을 닦거나 진정을 위해 사용한다.

① 온습포

따뜻한 젖은 타월로 피부표면에 온도와 습도를 부여함으로써, 모공을 확장하고 각질을 부풀리므로 혈액순환개선 및 피부표면의 노폐물과 죽은 각질, 피지의 제거를 용이하게 해주는 효과가 있다.

[온습포 사용 시 주의사항]

- 지나치게 뜨거운 습포의 사용을 피한다.
- 반드시 테라피스트의 손바닥과 손등에서 온도를 체크한 후 고객의 피부에 댄다.
- 화농성인 경우, 모세혈관 확장피부나 예민한 피부에는 사용하지 않는다.
- 제모 및 탈모 후, 자외선에 의해 붉어진 피부에는 사용하지 않는다.

② 냉습포

진정이 필요할 경우, 팩 후나 피부관리의 마지막 단계에서 젖은 타월을 차게 사용한다. 모공 수축, 혈관 수축, 피부 진정의 효과가 있다.

[냉습포 사용 시 주의사항]

- 민감피부, 모세혈관 확장피부에는 지나치게 찬 습포의 사용을 피한다.

③ 습포 사용법

• 습포 얹기

길이로 반 접혀진 습포를 양 손등과 손바닥을 오가며 온도를 체크한 후, 고객의 측면 턱 밑으로 들어가 중간 부위를 코 밑에 놓고 양 귀 쪽으로 살짝 잡아당긴다. 그 후 한쪽 끝을 접어 끝부분이 눈썹꼬리에 오도록 하여 콧구멍을 남기고 삼각형으로 접어 올려 얼굴 전체를 푹 감싼다.

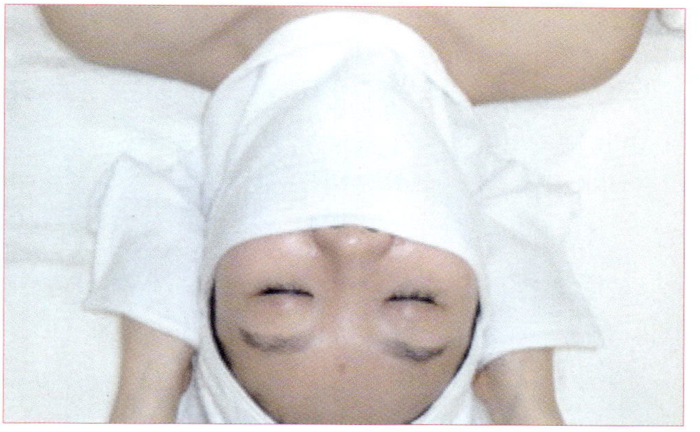

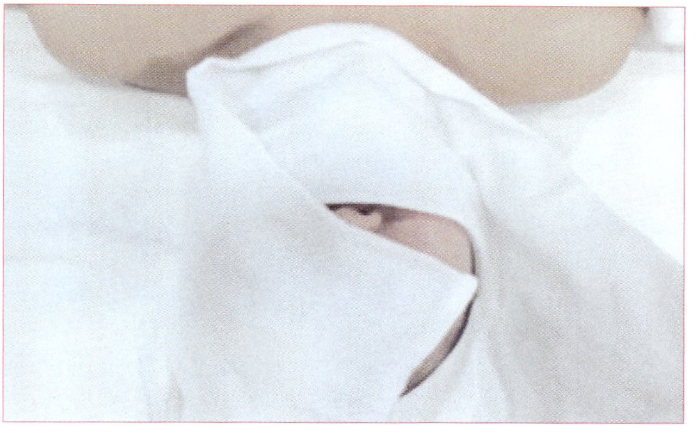

• 눈 부위 압 주기

양 손을 횡으로 하여 눈 위를 지그시 누른다.

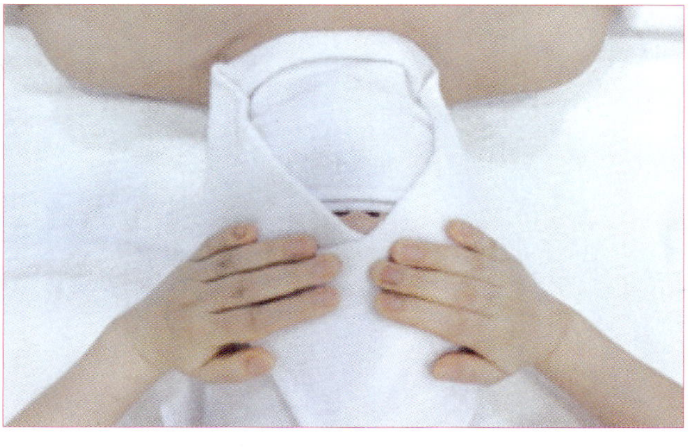

- 이마와 턱, 뺨 감싸기

이마와 턱을 감싸서 가볍게 압을 준 후에 양 볼을 감싸고 수근 부위로 관자놀이에 지그시 압한다.

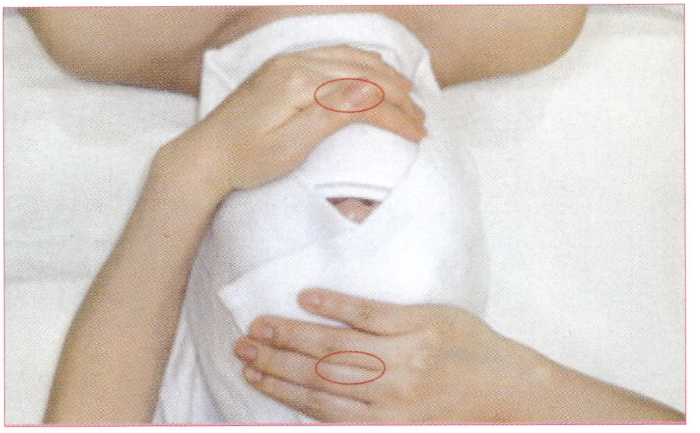

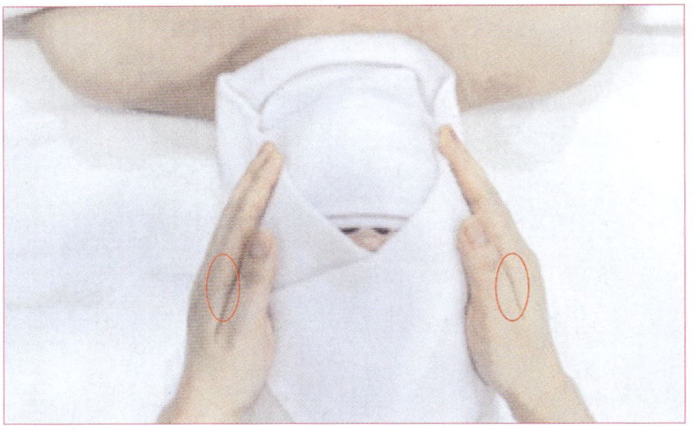

- 이마 3점지압

이마를 인당부터 헤어라인까지 3점으로 나누어 엄지를 겹쳐서 지압한다.

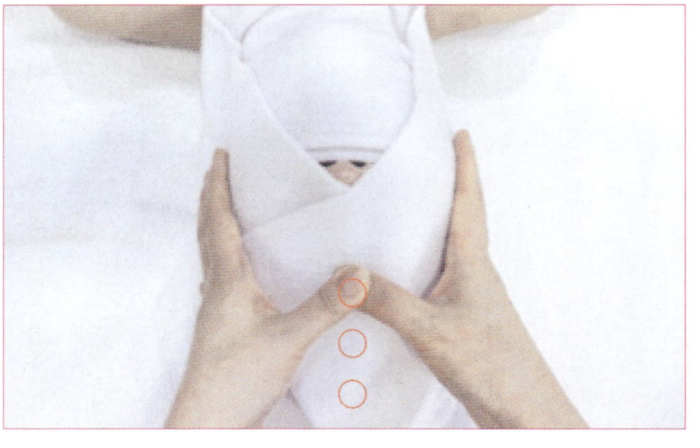

• 지압점 차례로 압 주기

2 · 3 · 4지를 차례로 찬죽(攢竹 ; 눈썹 앞머리) → 소영향 → 영향점을 지압한다.

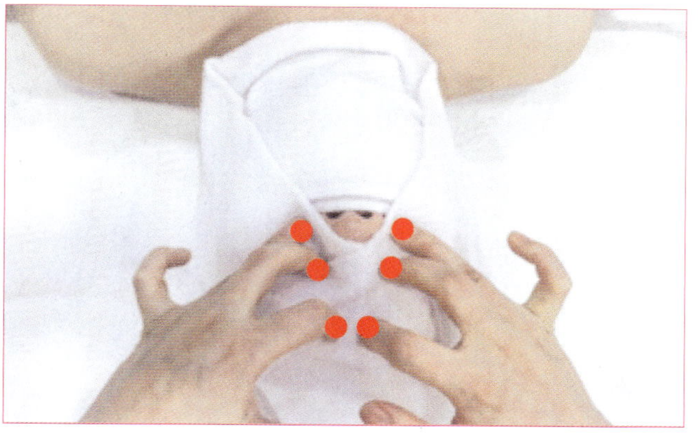

• 입 주위 압 주기

2 · 3 · 4지를 턱 밑에 받치고 엄지로 인중(人中)에서 지창점까지, 승장점에서 지창점까지 세 점으로 나누어 지압한다.

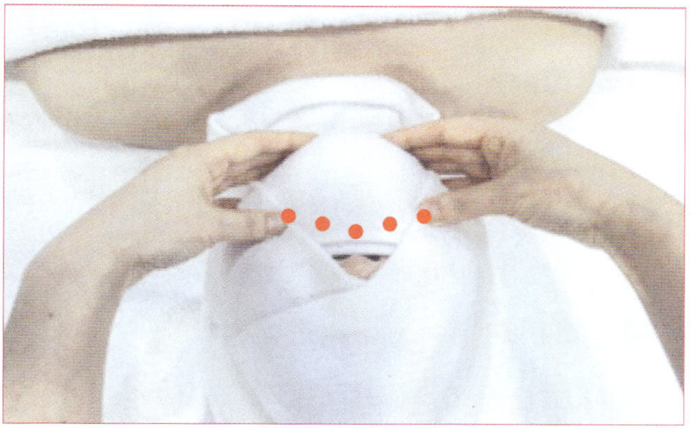

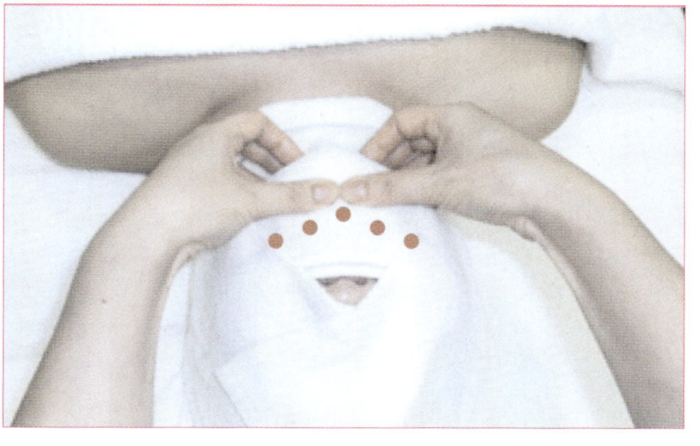

• 광대뼈 주위 당겨주기

영향점에 검지를 놓고 세 손가락으로 광대뼈를 사선의 윗방향으로 당겨 준 후 관자놀이를 수근부위로 둥글리며 지그시 눌러 준다.

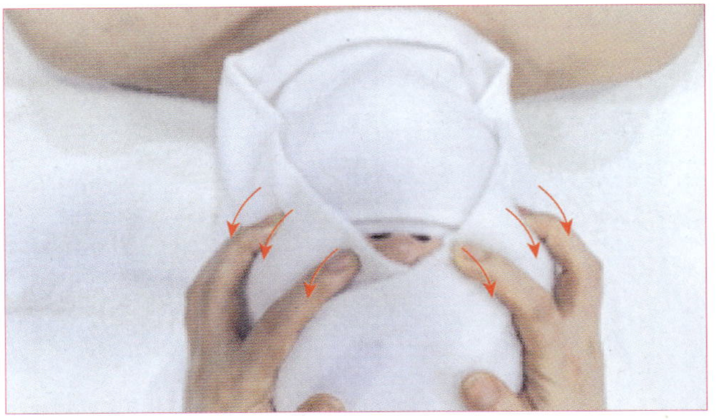

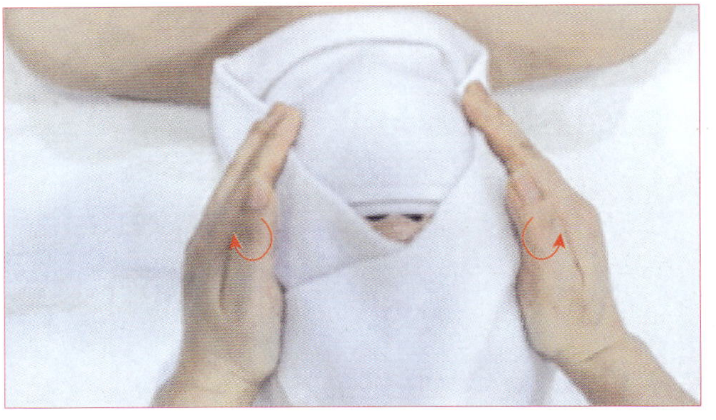

• 얼굴닦기

습포의 접혀진 사이에 손을 넣어 눈 → 이마 → 코 → 볼 → 인중 → 턱 → 귀를 닦은 후 손등에 펼쳐진 타월을 데콜테에 내려놓고 타올 위에서 양 손바닥으로 가슴 겨드랑이 어깨를 돌아 뒷목을 닦는다.

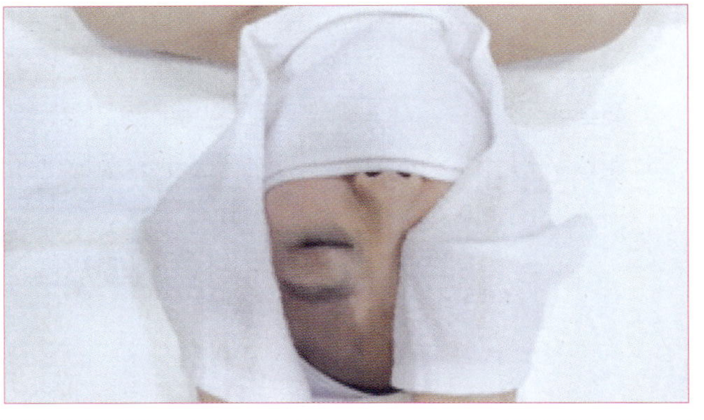

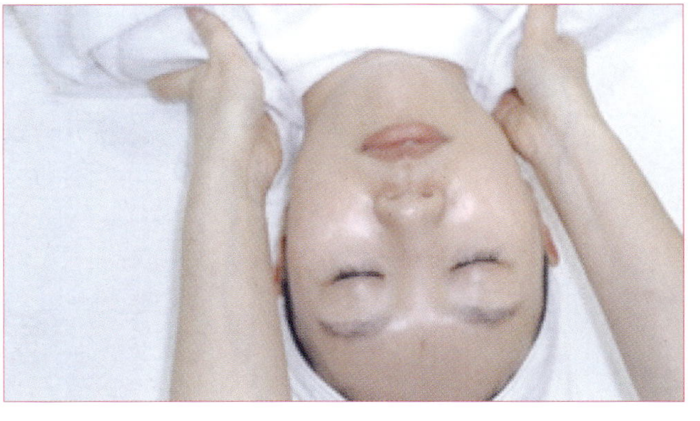

• 손 감싸서 닦기

타월을 반으로 접어 손바닥 위에 올린 후 내 쪽으로 돌려 손바닥을 감싸서 닦이지 않은 부위를 마무리 한다.

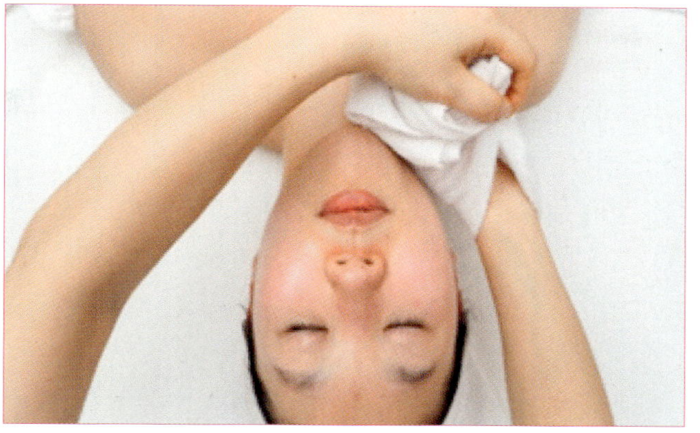

(4) 화장솜

부드러운 면 소재로 예민하거나 염증성 피부에 스펀지 대신 사용할 수 있으며, 화장수를 바르거나 아이패드로 피부관리에 효율적으로 사용한다.

[화장솜 사용 시 주의사항]

- 부드러운 면소재의 제품을 물에 적셔 꼭 눌러 짠 후 적당한 두께로 준비한다.
- 사용목적에 따라 크기와 두께를 조절하여 사용한다.
- 피부에 자극을 주지 않도록 피부 결 방향으로 바른다.
- 젖은 화장솜은 변질의 우려가 있으므로 사용할 만큼만 준비한다.

(5) 토너 바르기

양 손 중지에 토너를 적신 화장솜을 끼워 얼굴 중앙에서 바깥으로 이마 → 눈 밑 → 볼 → 인중 → 턱 → 코 → 목 → 데콜테의 순으로 가볍게 닦아내듯 바른다.

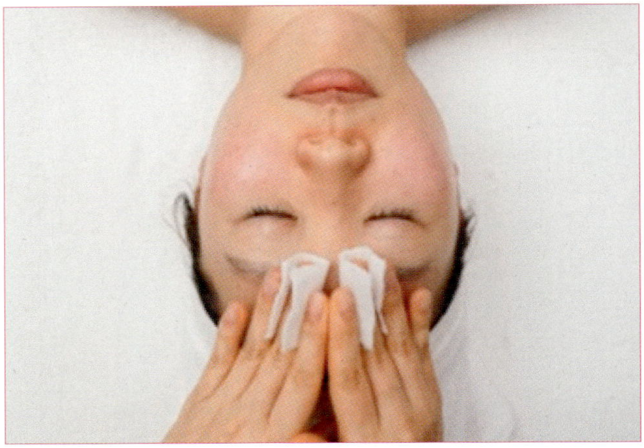

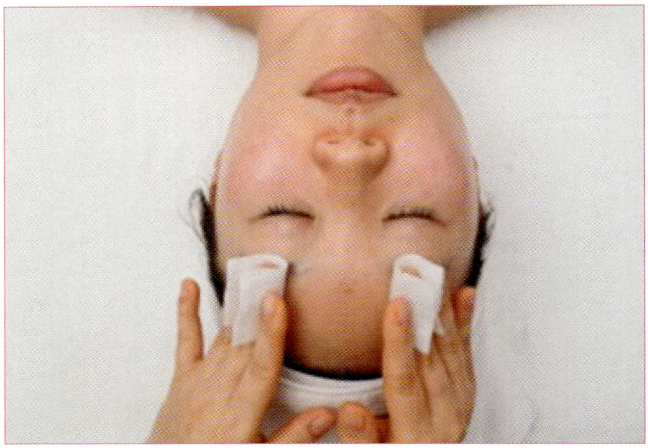

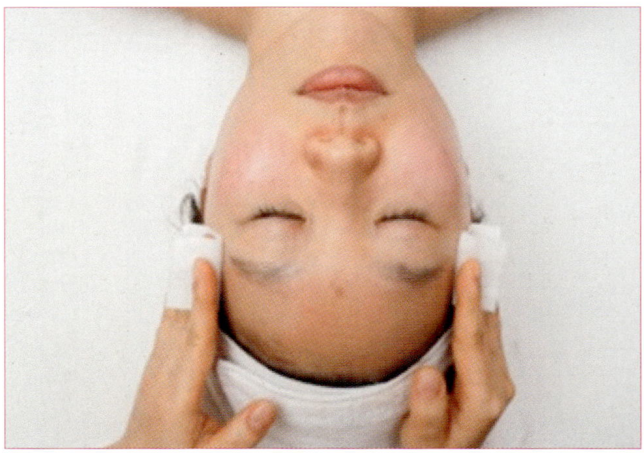

4. 페이셜 마사지(Facial Massage)

1. 데콜테 마사지 (Decollete Massage)

얼굴 마사지 시 신체 조직의 긴장 완화와 근육의 이완 및 혈액순환과 림프 배농의 촉진을 위하여 실시하며 얼굴 마사지 전에 실시하거나 데콜테 마사지만 따로 실시할 수 있다.

(1) 데콜테 마사지 동작

① 나눠주기

양 손에 적당량의 크림이나 오일을 덜어 가볍게 비벼 손바닥에 고루 묻혀서 손가락의 끝 마디 부분부터 데콜테 → 목 → 턱 → 볼 → 이마 → 코의 순으로 적당하게 나눠 준다.

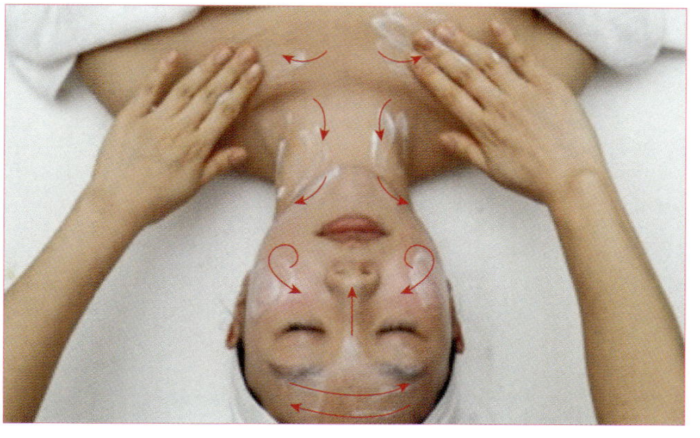

② 펼쳐주기

나눠주기와 연결하여 나눠진 크림이나 오일을 이마 → 코 → 볼 → 인중 → 턱 → 목 → 데콜테의 순으로 펼쳐 준다.

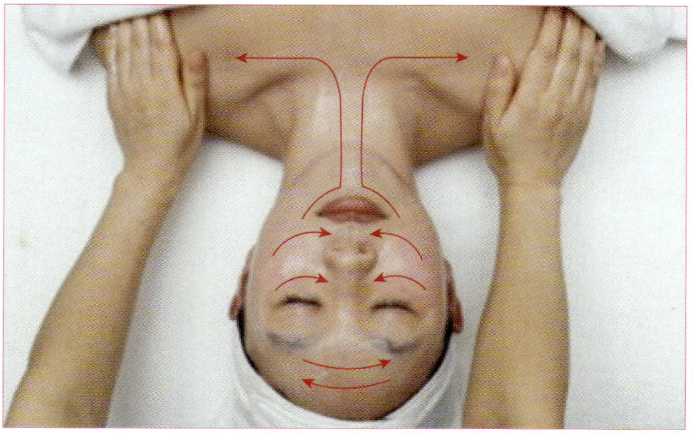

③ 쓰다듬기

양 손바닥으로 가슴 중앙에서 겨드랑이까지 쓸어준 후 어깨를 감싸고 돌아 목 측면을 따라 올라가 귀 뒤를 지압한다(3회 반복).

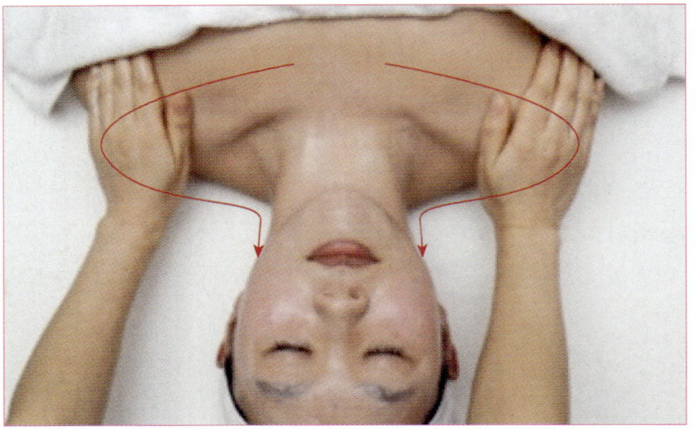

④ 바깥으로 둥글리기

2 · 3 · 4지를 이용하여 바깥 방향으로 겨드랑이까지 6개의 원을 그리며 둥글려 준 후 어깨를 감싸고 돌아온다(3회 반복).

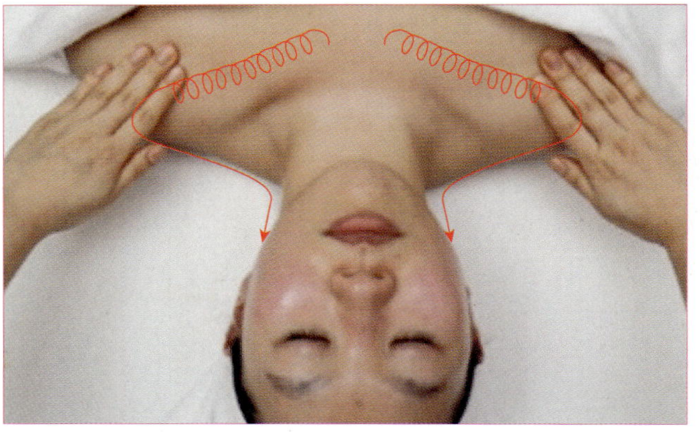

⑤ 안쪽으로 둥글리기

겨드랑이에서 가슴 중앙으로 나선형으로 그리며 둥글려 준 후 가슴 중앙에서 쓰다듬기로 어깨를 감싸 돌아 목을 따라 올라가서 귀 뒤를 지압한다(3회 반복).

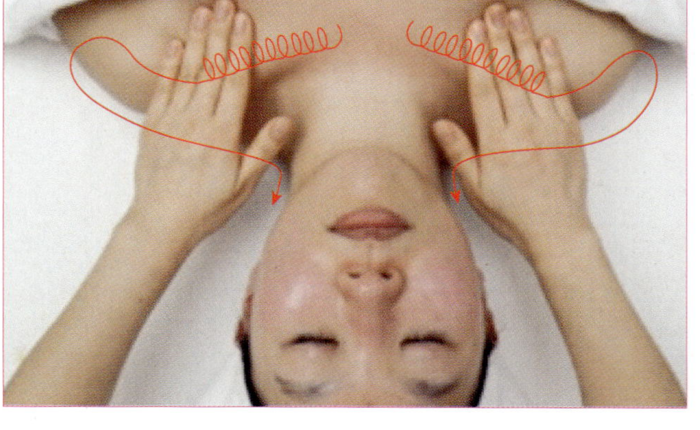

⑥ 떨어주기

귀 뒤에 있는 손을 오른손부터 한 손씩 내려 교대로 반대편 어깨에서부터 웨이브를 그리며 떨어주기 를 실시한다 (3회 반복).

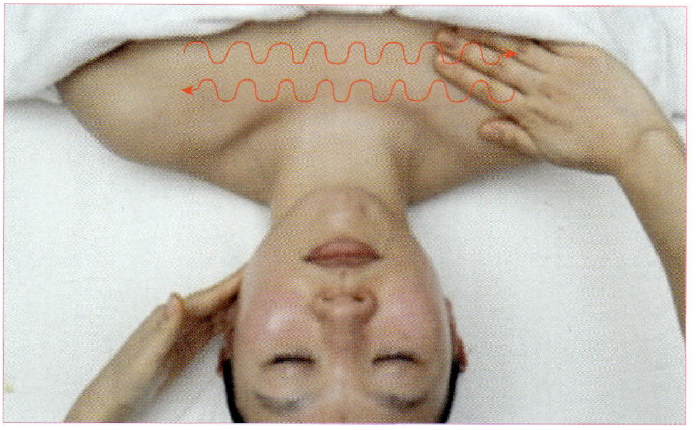

⑦ 가슴–어깨 연결부위 반죽하기

겨드랑이 쪽으로 손을 넣어 가슴과 어깨 연결부위를 양 손을 교차시키면서 반죽하기 한 후 반대편 손으로 어깨를 감싸 돌아 데콜테를 지나 다른 편 가슴과 어깨 연결부위로 가서 같은 방법으로 반죽하기 한다(왕복 3회).

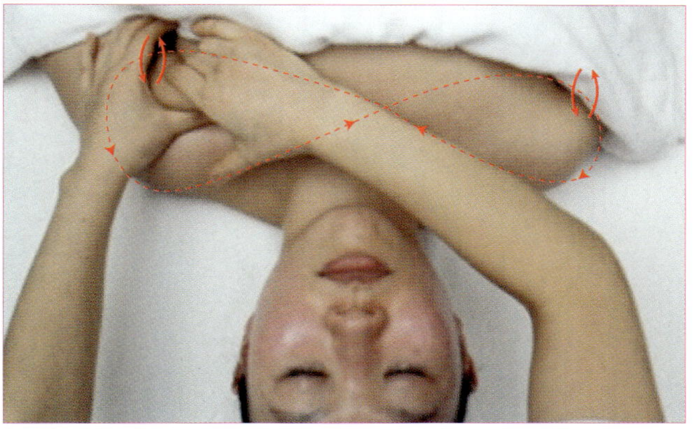

⑧ 위팔 3선 둥글리기

위팔을 전면, 중간면, 후면의 3선으로 나눠서 엄지와 2 · 3 · 4지로 감싸 잡은 후 전면과 중간면은 엄지를 이용하여 아래방향으로 둥글려 주고 후면은 2 · 3 · 4지를 이용하여 둥글려 준다. 다시 엄지를 이용하여 전면, 중간면, 후면을 팔꿈치 방향으로 압을 주어 쓸어내린다.

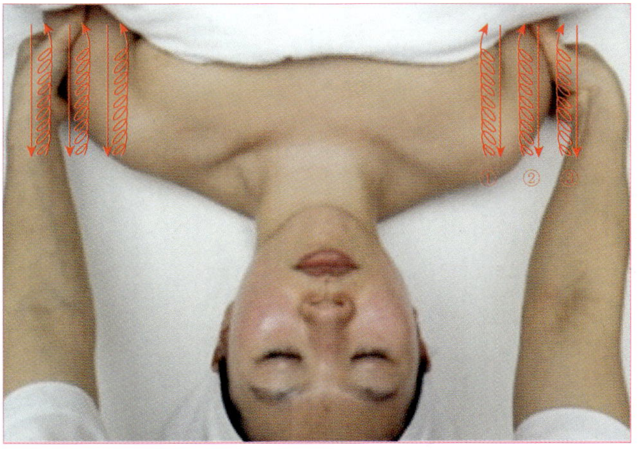

⑨ 등세모근내림 부분(상부) 반죽하기

팔에 있던 두 손을 어깨 뒤로 감싸고 돌아와서 그대로 등세모근의 상부를 잡아서 둥글려 준다.

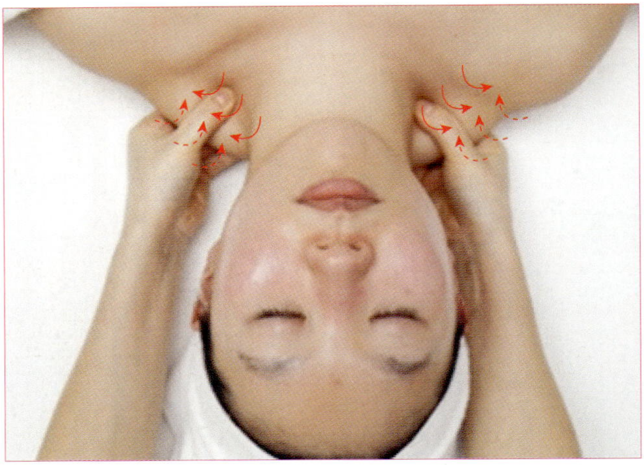

⑩ 경추 측면 쓰다듬기

등세모근에 있는 손을 오른손부터 손가락을 갈고리 모양으로 만들어 고객의 반대쪽 경추 측면을 교대로 3회 쓸어 올려 준 후에 양 손 중지로 동시에 양쪽으로 아문 → 천주 → 풍지 → 완골에 가볍게 지압한다.

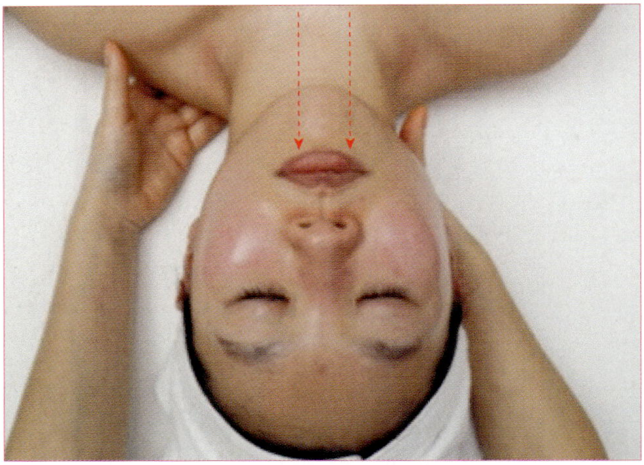

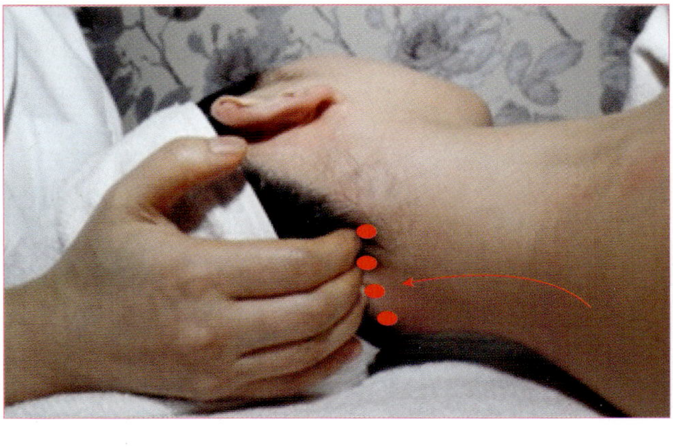

⑪ 목 측면과 후면 3선으로 둥글리기

목의 측면을 목빗근의 측면부터 경추 측면까지 3선으로 나누어 2 · 3 · 4지를 이용하여 위에서 아래로 둥글려 준 후 압을 주어 머리뼈까지 쓸어 올리고 양 손 동시에 양쪽으로 아문 → 천주 → 풍지 → 완골에 가볍게 지압한다.

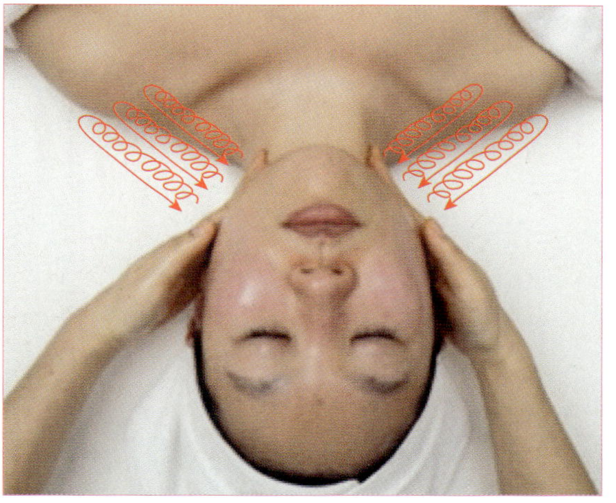

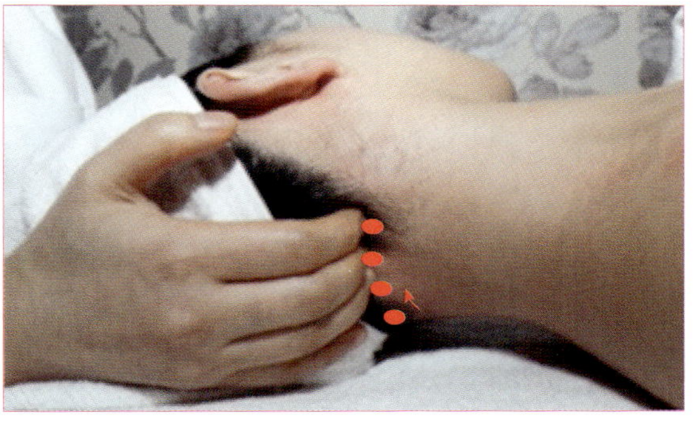

⑫ 주먹 쥐고 목 측면 3선 둥글리기

목의 측면을 목빗근의 측면부터 경추 측면까지 3선으로 나누어 주먹을 이용하여 위에서 아래로 둥글려 준 후 가볍게 압을 주어 머리뼈까지 쓸어 올리고 양 손 중지로 동시에 양 쪽으로 아문 → 천주 → 풍지 → 완골에 가볍게 지압한다.

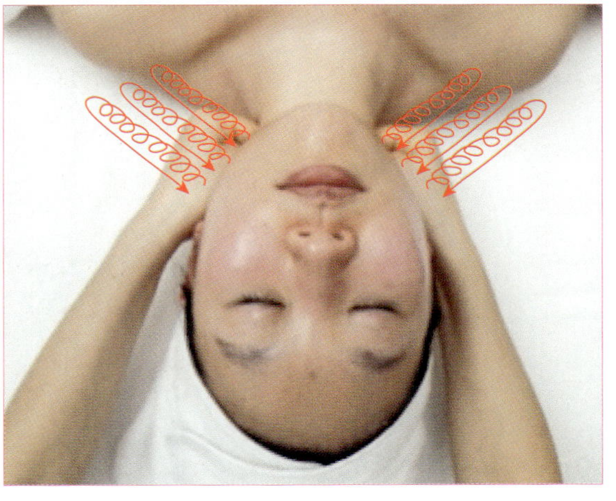

⑬ 경추 쓰다듬기

양 손바닥을 이용하여 경추를 등에서 머리방향으로 교대로 3회 쓸어 올린 후에 양 손 동시에 양쪽으로 아문→ 천주 → 풍지 → 완골에 가볍게 지압한다.

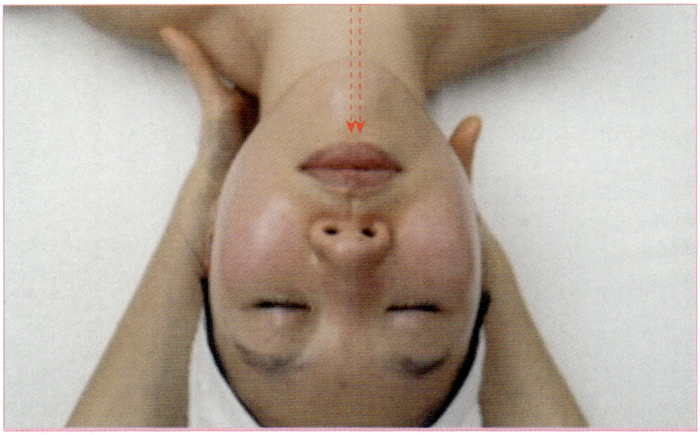

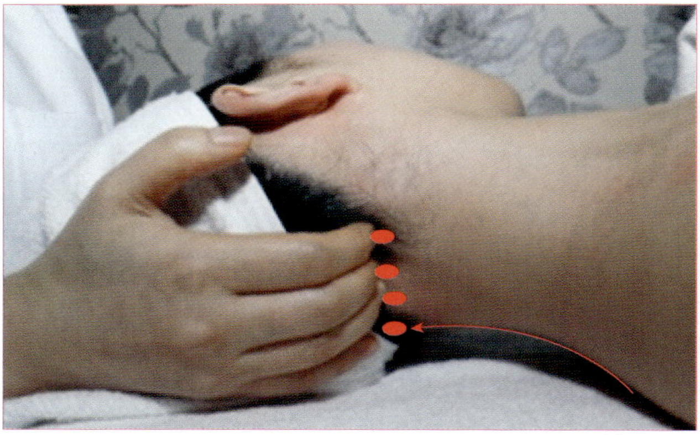

2. 페이스 마사지

얼굴과 목을 대상으로 하여 일정한 매뉴얼 테크닉을 적용하여 물리적 자극을 줌으로써 신체조직의 기능을 회복시키는 과학적인 방법이다. 동작의 속도, 강 · 약, 적용시간 등은 피부의 상태 및 유형 또는 고객의 연령에 따라 달라진다.

① 크림 도포하기(나눠주기)

양 손에 적당량의 크림을 덜어 가볍게 비벼 손바닥에 고루 묻혀서 손가락의 끝 마디 부분부터 데콜테 → 목 → 턱 → 볼 → 이마 → 코의 순으로 적당하게 나눠 준다.

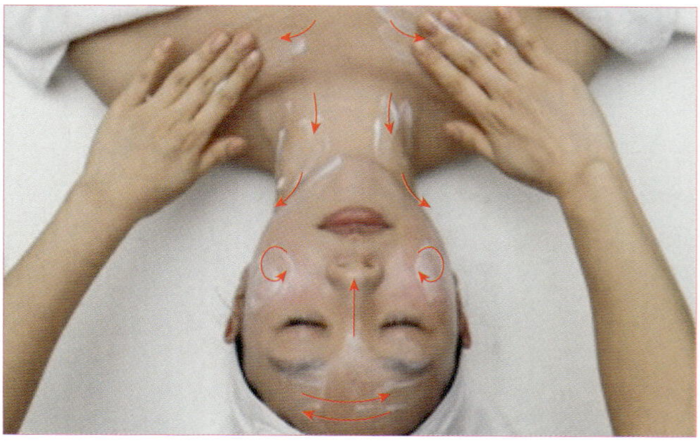

② 크림 도포하기(펼쳐주기)

나눠진 크림을 이마 → 코 → 볼 → 인중 → 턱 → 목 → 데콜테의 순으로 펼쳐 준다.

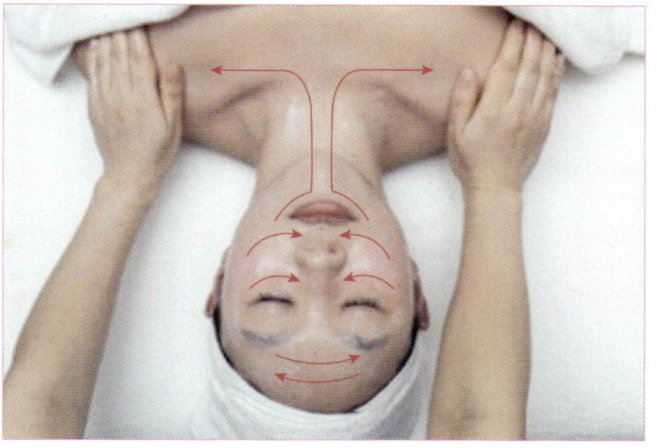

③ 턱 감싸서 쓰다듬기

왼손은 고객의 왼쪽 아래턱뼈에 두고 오른손부터 오른쪽 아래턱뼈 모서리에서부터 턱 선을 감싸서 왼쪽 아래턱뼈의 끝까지 가서 가볍게 압을 준 다음, 사선으로 부드럽게 목을 지나 오른쪽 빗장뼈 아래에 정지하고 왼손도 같은 방법으로 왼쪽 쇄골 밑에 오면 두 손을 동시에 완골 방향으로 끌어 올려 압을 준다(3회 반복).

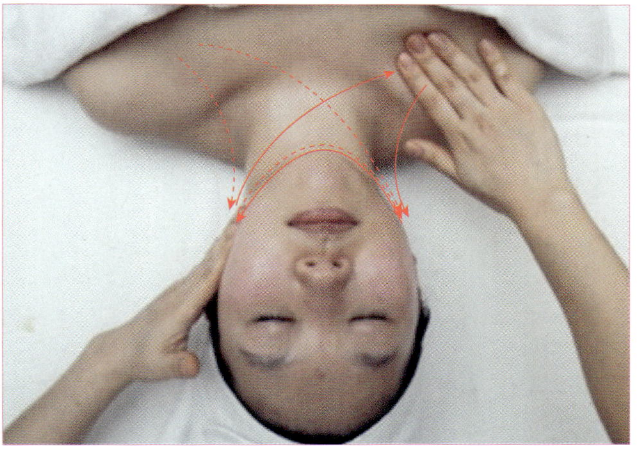

④ 목 횡으로 3단계 둥글리기

목을 데콜테와 목의 경계선 포함(1선), 목 중간 (2선), 턱과 얼굴의 경계선 포함(3선)으로 나누어 2 · 3 · 4지를 이용하여 목 중앙에서 뒷면까지 횡으로 나선형으로 둥글리기 하여 준다.

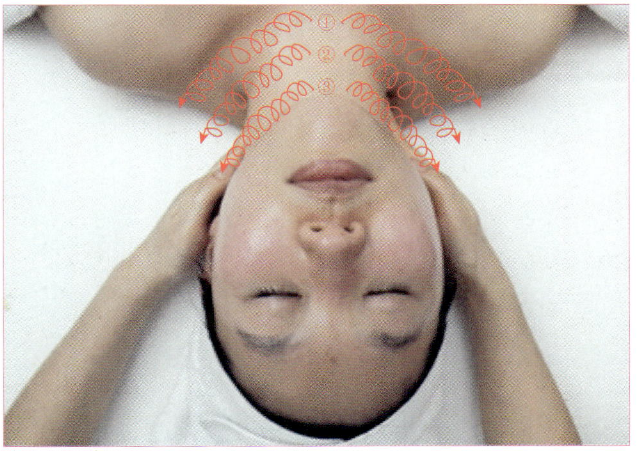

⑤ 손가락등으로 턱 선 당겨주기

양 손 손가락등의 중간마디 부분이 턱 선에 닿도록 놓고 손가락으로 이마 방향으로 가볍게 당겨주며 턱 선을 따라 이동한다(왕복 3회).

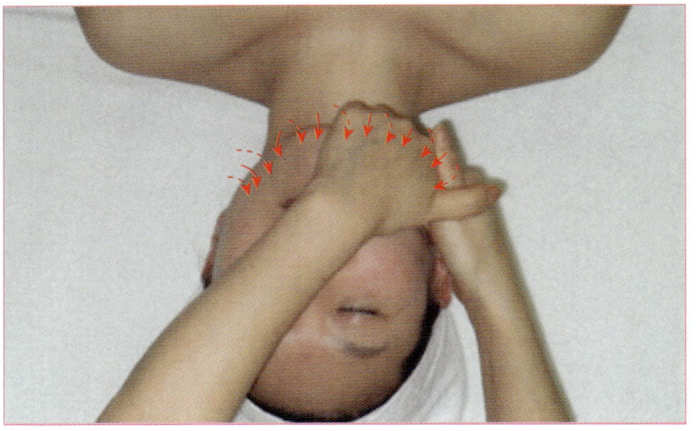

⑥ 엄지로 턱 선 마찰하기

손을 그대로 2 · 3 · 4지를 턱 밑에 두고 엄지를 이용하여 아래턱뼈를 따라 둥글리기한다(왕복 3회).

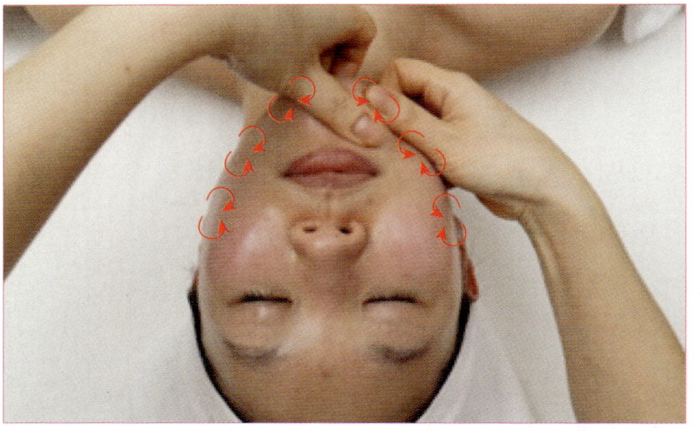

⑦ 턱 감싸서 떨어주기

왼손은 고객의 왼쪽 아래턱뼈에 두고 오른손부터 오른쪽 아래턱뼈 모서리에서부터 턱 선을 감싸서 왼쪽 아래턱뼈의 끝까지 부드럽게 떨어주기로 가서 가볍게 압을 준다. 그 다음에 사선으로 부드럽게 목을 지나 오른쪽 빗장뼈 아래에 정지하고 왼손도 같은 방법으로 왼쪽 빗장뼈 밑에 오면 두 손을 동시에 완골 방향으로 끌어올려 압을 준다(3회 반복).

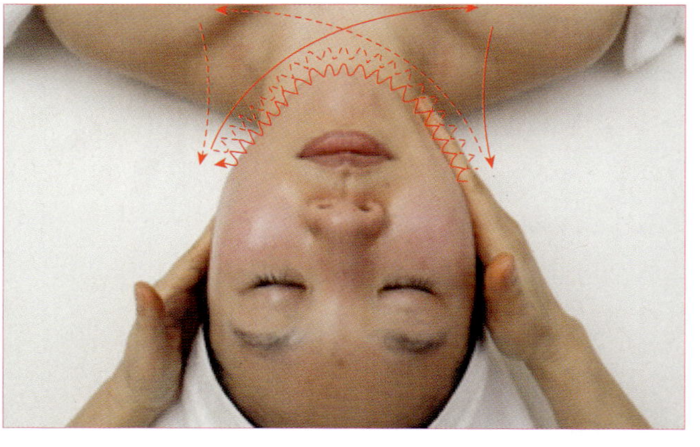

⑧ 목 길게 쓰다듬기

양 손바닥을 교대로 반씩 겹치면서 데콜테에서 턱선까지 목의 왼 측면에서 시작하여 오른 측면으로 아래에서 위로 압을 주어 쓸어 올린다(왕복 3회).

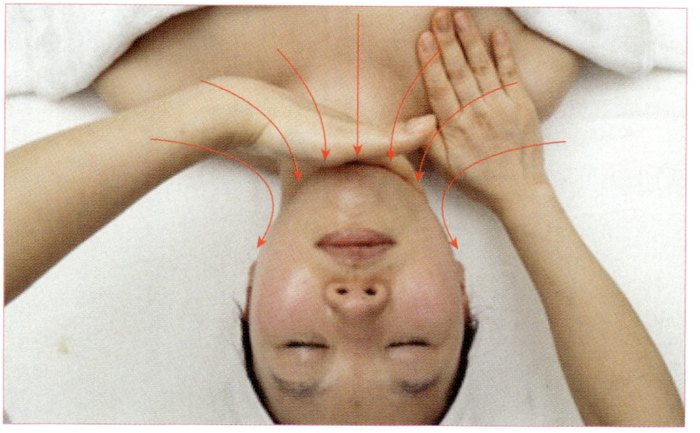

⑨ 얼굴 크게 쓰다듬기

오른손으로 목 쓰다듬기 동작을 마무리하면서 연결하여 왼손의 수근 부위를 턱 선 중앙에 갖다 대고, 오른손을 합쳐서 손바닥에 가볍게 압을 주면서 턱 선을 따라 사선으로 얼굴을 감싸며 올라와서 검지가 지창(地倉 ; 입꼬리 옆)에 오면 손가락 전체에 압을 주며, 지창 → 영향 → 눈밑까지 수직으로 끌어올리고 옆으로 빠지면서 2 · 3 · 4지로 관자놀이에서 3회 둥글려 준 후 손바닥으로 이마를 횡으로 한 번씩 교대로 쓸어 준다.

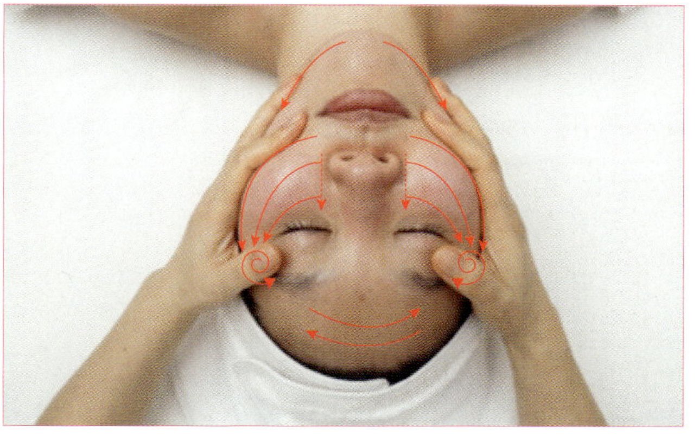

⑩ 뺨 쓸어주기

관자놀이에 있는 오른손의 손가락 등을 이용하여 안 쪽으로 원을 그리며 쓸어준 후 왼 손바닥을 이용하여 턱선부터 관자놀이까지 볼을 쓸어 올린다. 한 볼에 3회 실시하고 다른 쪽 볼에도 같은 방법으로 3회 실시한다.

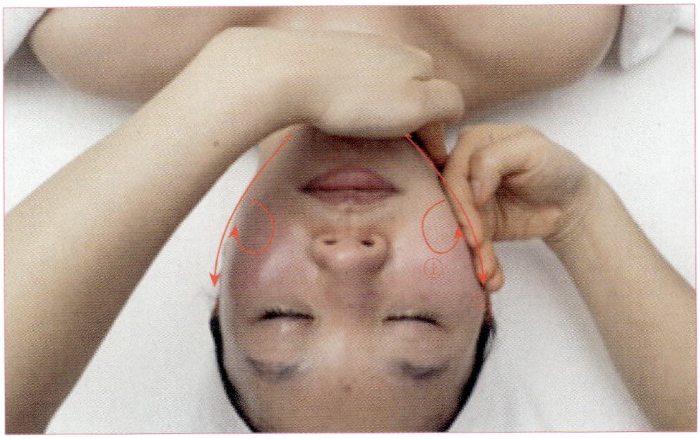

⑪ 3단계 둥글리기

볼 부위를 세 부위(승장(承漿) → 귀밑, 지창 → 귀문 앞, 영향(迎香) → 관자놀이)로 나눠서 위로 당기며 바깥쪽 방향으로 나선형으로 둥글려 준 후 귀밑, 귀문 앞, 관자놀이에 압을 준다.

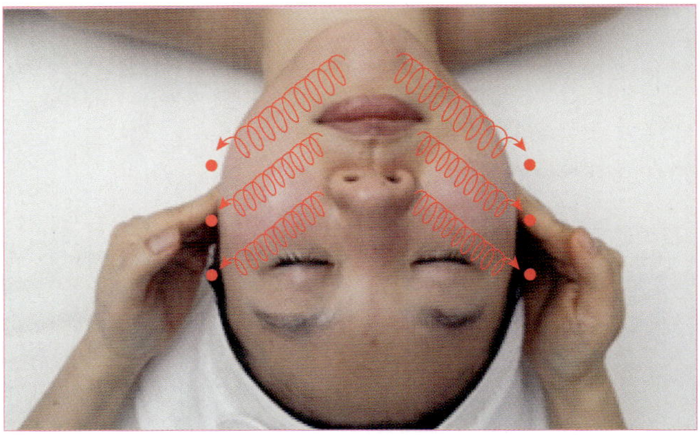

⑫ 뺨 튕겨주기

양 손의 네 손가락을 하나씩 접어 올리듯이 하여 부챗살 모양으로 볼을 탄력 있게 튕겨 준다.

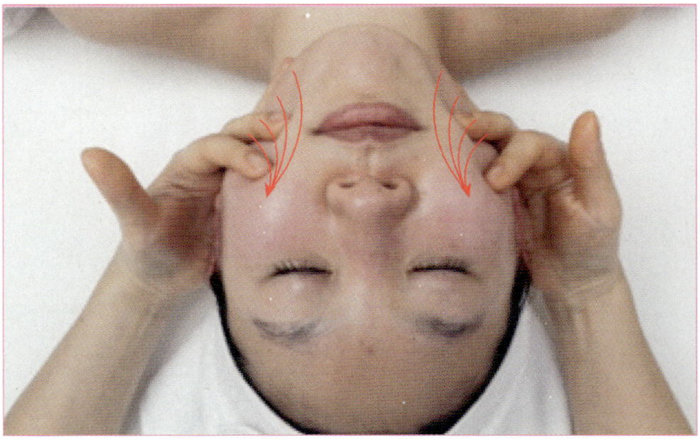

⑬ 중지로 길게 쓰다듬기

중지로 압을 주어 승장 → 지창 → 영향 → 찬죽(攢竹) → 관자놀이로 차례로 지압하며 끌어 올린다.

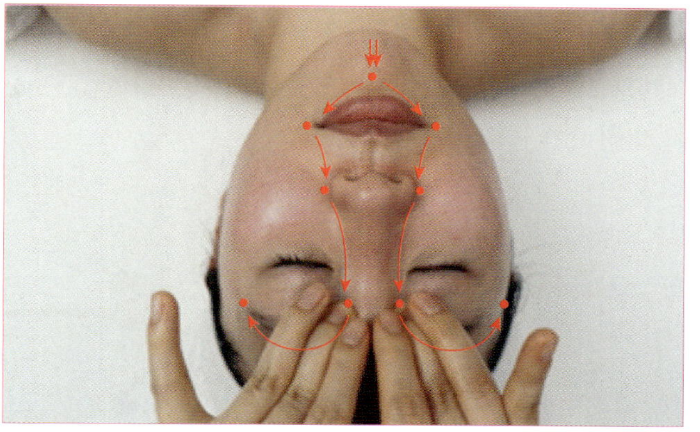

⑭ 빗방울 모양 두드리기

양 손의 2 · 3 · 4지를 이용하여 눈 밑을 돌아 작은 원, 광대뼈를 돌아 중간 원, 볼 전체를 돌아 큰 원의 순으로 가볍게 두드려 준 후, 관자놀이 → 영향 → 귀문 앞 → 지창 → 귀밑 → 승장 → 귀밑 → 지창 → 귀문 앞 → 영향 → 관자놀이로 지그재그 방향으로 두드린 후, 큰 원 → 중간 원 → 작은 원을 그리며 두드려 준다.

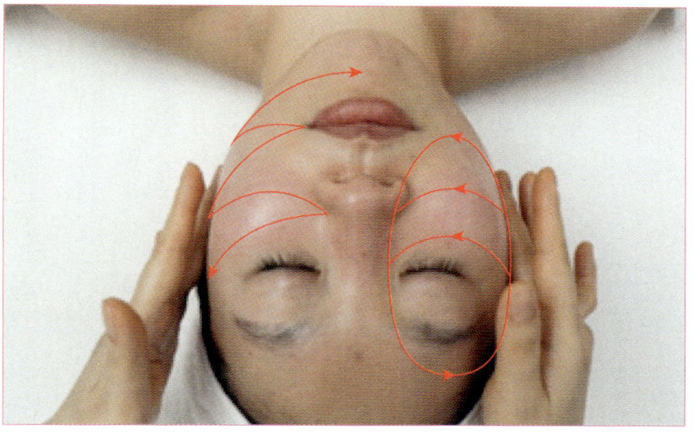

⑮ 볼 집어주기

양 손 엄지와 3 · 4지를 이용하여 관자놀이 → 영향 → 귀문 앞 → 지창 → 귀밑 → 승장까지 뺨을 집어 탄력 있게 튕겨 준다.

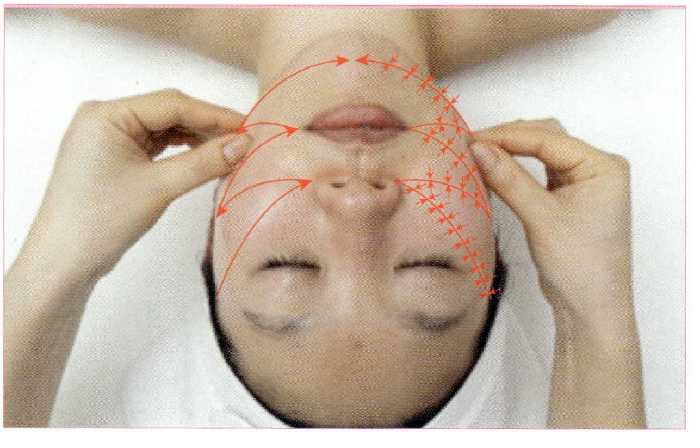

⑯ 입 주위 쓸어주기

양 손의 네 손가락은 턱 밑에 두고 엄지를 이용하여 승장에서 입 꼬리 방향으로 압을 주어 끌어올려 입술 모양이 스마일이 되게 한 후 방향을 바꾸어 인중을 가볍게 쓸어 준다(6회 반복).

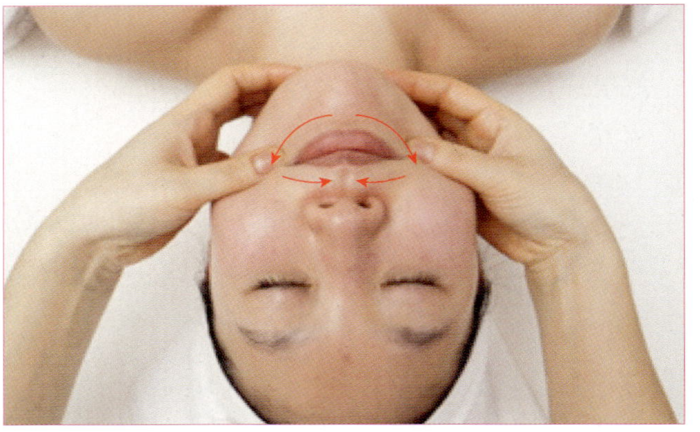

⑰ 턱 엇갈려 문지르기

턱 밑에 있던 중지를 지창까지 끌어 올려 턱 중앙으로 서로 교차하여 들어가서 압을 주어 아래턱뼈의 가쪽 모서리까지 나갔다가 압을 빼고 턱 중앙으로 중지가 교차해서 들어간다(6회 반복).

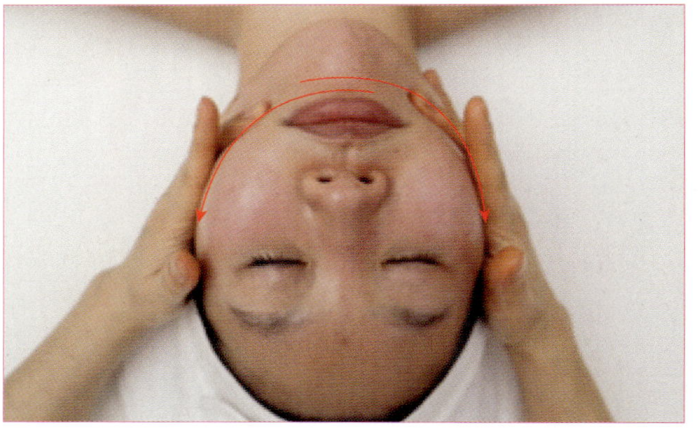

⑱ 입가 부위 8자 그리기

턱 고랑 동작의 연결로 중지를 지창까지 압을 주어 끌어 올린 후 입가 부위를 8자를 그리면서 압을 주어 끌어 올린다(6회 반복).

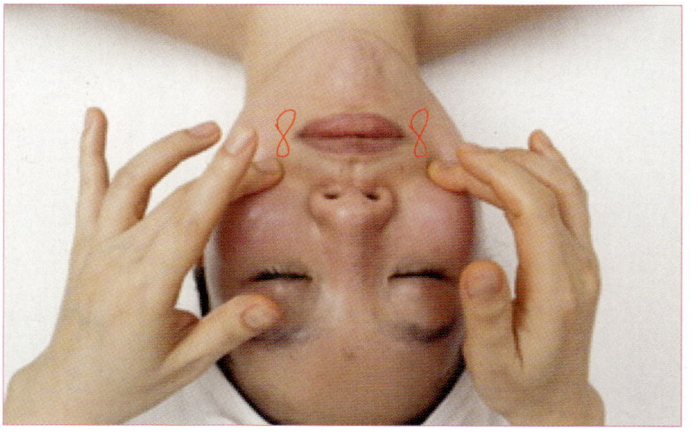

⑲ 코입술 주름 마찰하기

지창에서 영향까지 네 점으로 나누어 중지로 압을 주어 안쪽 방향으로 제자리 원을 그린 후 지긋이 압을 준 후 끌어 올린다.

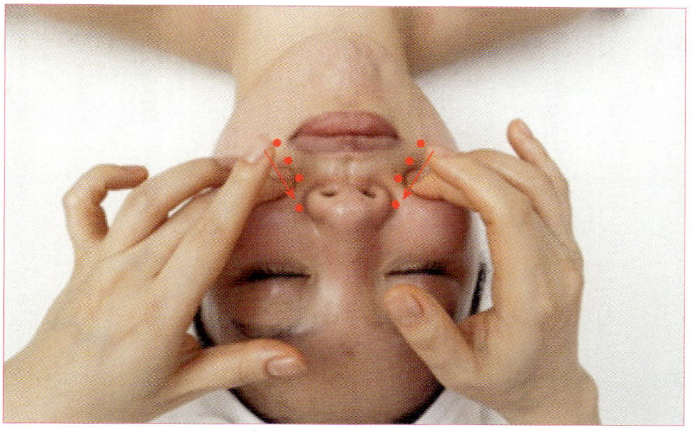

⑳ 콧망울, 코벽 8자로 쓰다듬기

양 손 중지를 이용하여 콧볼이 접히지 않도록 콧볼의 마주보는 C 형에 압을 주어 코끝으로 작은 8자를 6회 그려준 후, 코 벽을 따라 눈앞머리까지 압을 준 후 압을 빼고 인당(印堂 ; 양쪽 눈썹 사이) → 콧등으로 크게 8자를 그려 준다.
(6회 반복)

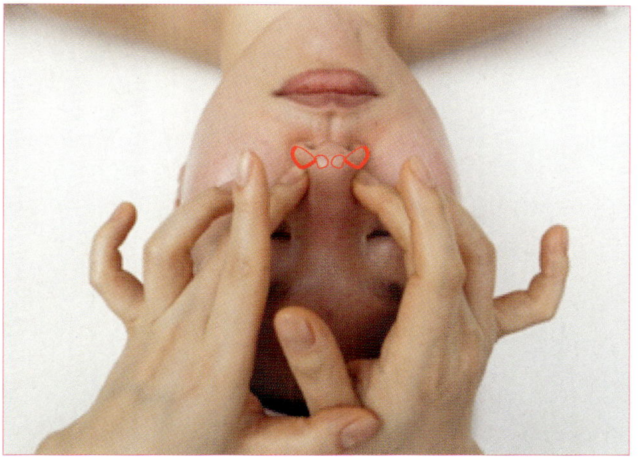

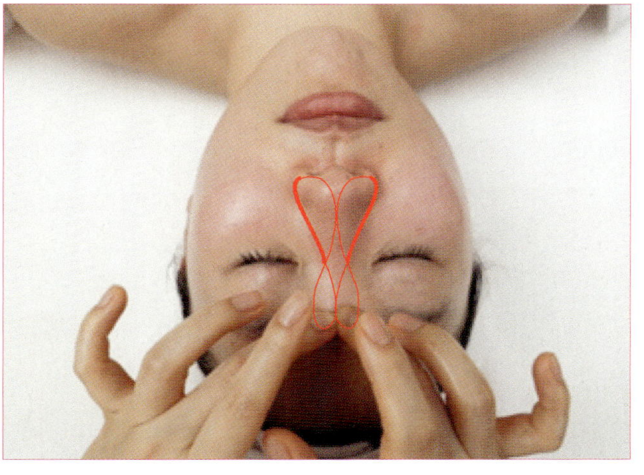

㉑ 이마 ↔ 코 쓸어주기

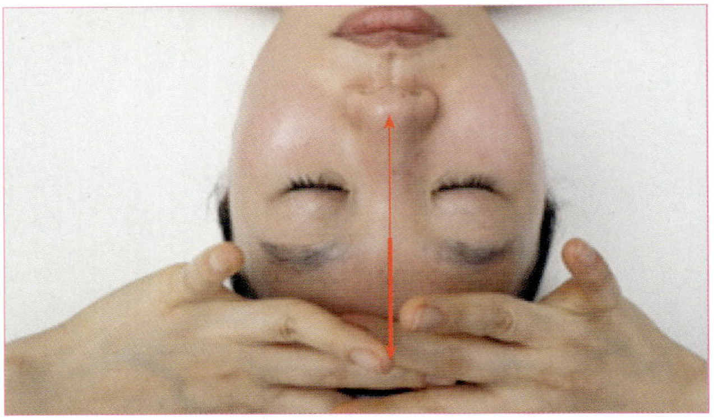

양 손 중지로 코 벽을 따라 올라와 찬죽을 살짝 잡아당기듯이 압을 준 후 중지의 두 마디를 겹쳐서 미간(眉間)에서 헤어라인까지 압을 주어 쓸어 올린 다음 코 끝까지 압을 빼고 부드럽게 내려가서 미간까지 올라오고 미간에서 헤어라인까지 압을주어 쓸어 올린다(6회 반복).

㉒ 이마 쓸어주기

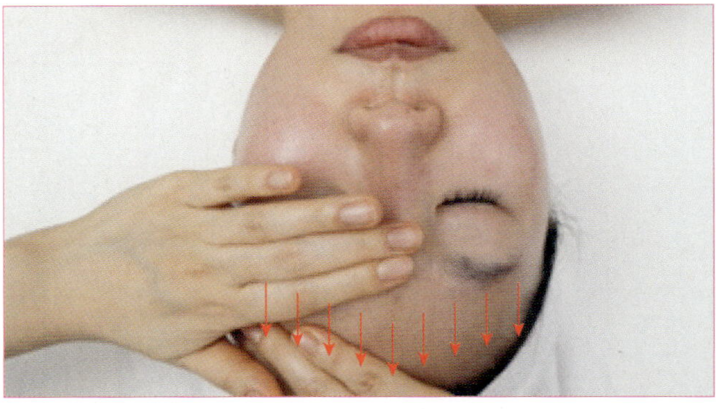

양 손바닥을 교대로 이마 중앙에서부터 윗 방향으로 쓸어 올린다(왕복 3회).

㉓ 이마 주름 마찰하기

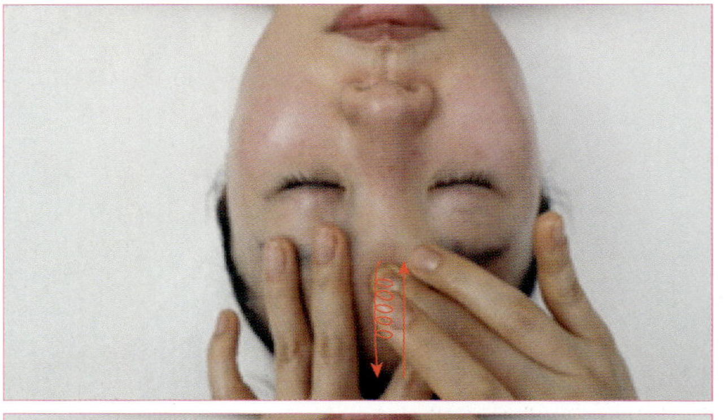

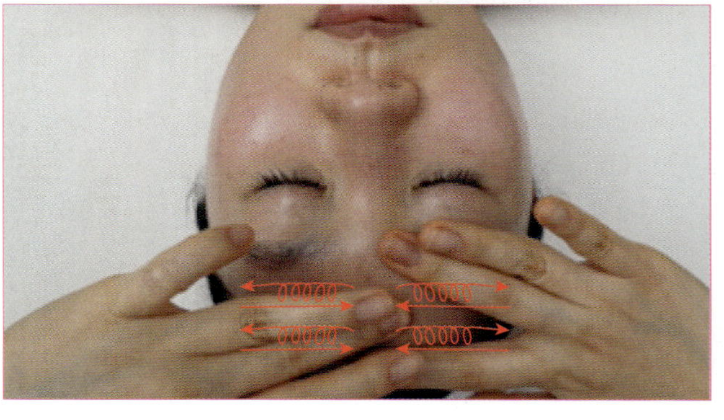

- 세로 주름 마찰하기 – 한 손 검지와 중지를 벌려 미간을 고정시킨 후 다른 손 중지로 압을 주어 헤어라인 쪽으로 둥글리며 들어갔다가 압을 주어 쭉 쓸어 나온다(3회 반복).
- 가로주름 마찰하기 – 양 쪽 이마를 4등분하여 같은 방법으로 가로방향 주름을 펴 준다(3회씩 반복).

㉔ 이마 다림질

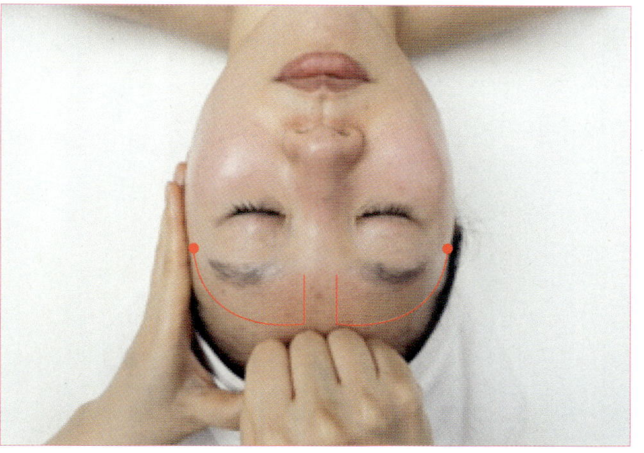

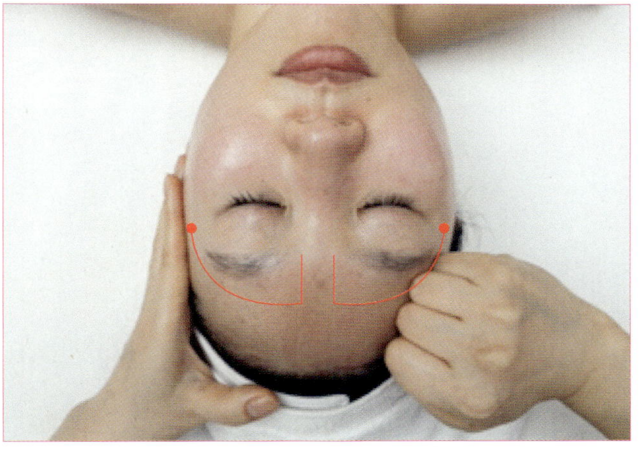

왼손은 관자놀이에 고정한 후 오른손을 엄지를 감추고 주먹을 쥐고 가운데 손가락 등의 중간마디 부분을 이용하여 다림질 하듯이 미간에서 헤어라인까지 쓸어 올린 후 90° 로 꺾어서 관자놀이까지 쓸어준 후 왼손도 같은 방법으로 왼쪽 관자놀이까지 쓸어 준 후 가볍게 압을 준다(3회 반복).

㉕ 눈꼬리 주위 마찰하기

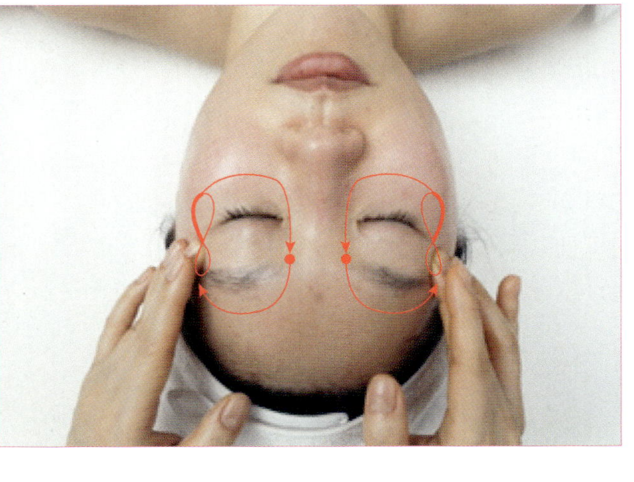

양 손 중지로 동자료 부위를 지압하고 눈꼬리 주위의 까치발 모양 주름 부위에 끌어 올리면서 8자를 5회 그려준 후 눈 밑을 돌아 찬죽을 지압하고 이마를 쓸어 준다(3회 반복).

㉖ 눈 주위 마찰하기

양 손 중지로 눈꼬리(동자료, 瞳子髎)에서 눈앞머리(정명, 精明)까지 6점으로 나누어 제자리 원을 5회 그리며 마찰한다.

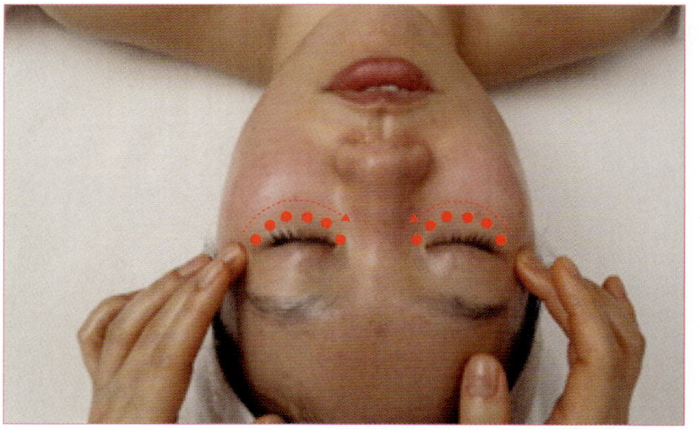

㉗ 눈썹주름근 집어 주기

양 손 중지를 눈썹 앞머리 눈확의 모서리에 대고 엄지로 눈썹을 밀어 집어 눈썹주름근을 5부위로 나누어 집어 준 후 중지로 눈 밑을 돌아온다 (3회 반복).

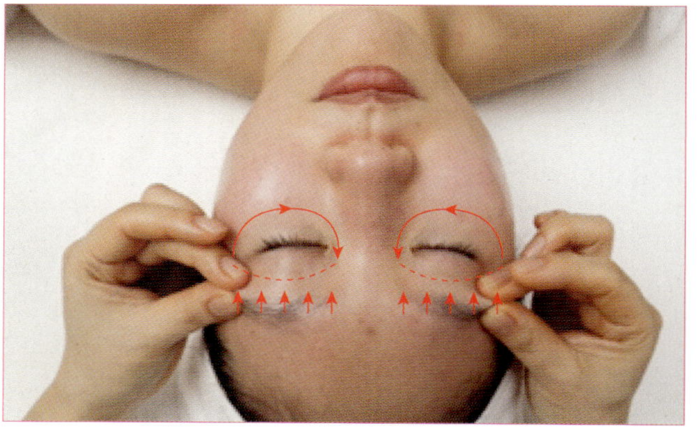

㉘ 눈 주위 원 그리기

양 손 중지로 안쪽으로 눈 밑을 돌아 작은 원 → 광대뼈 돌아 중간 원 → 볼 전체 돌아 큰 원 → 중간 원 → 작은 원 순으로 돌아와 찬죽에 압을 주고 네 손가락으로 이마를 쓸어 관자놀이에 지압한다(3회 반복).

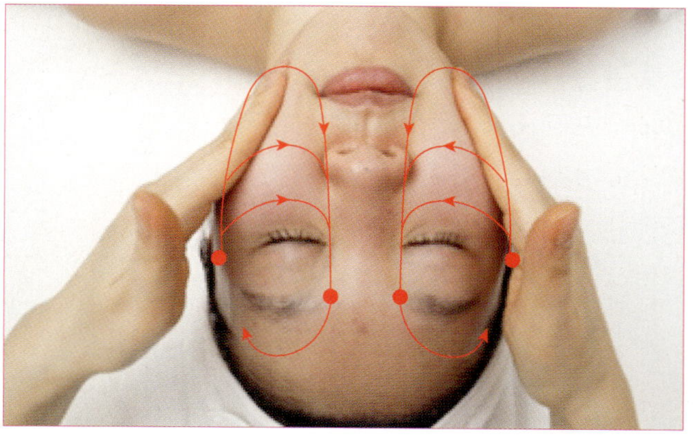

㉙ 관자놀이 마찰하기

양 손 2 · 3 · 4지를 이용하여 관자놀이를 헤어라인까지 45° 각도로 세부위로 나누어 한 부위당 세 번 둥글려 준 후 압을 준다.

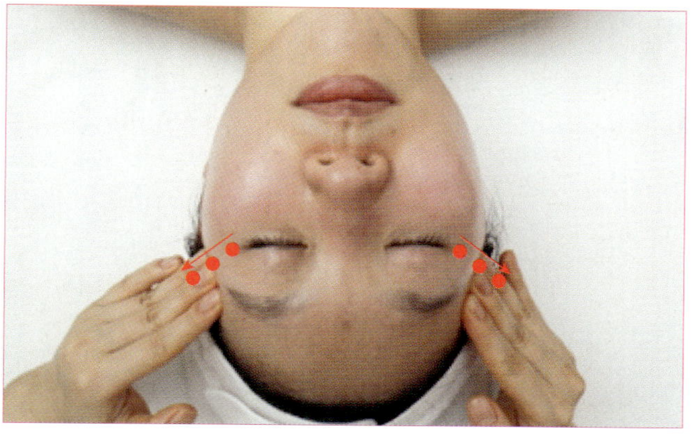

㉚ 진정 동작

양 손바닥으로 교대로 이마를 횡으로 한 번 쓸어준 후 얼굴 선을 타고 내려와 중지로 압을 주어 승장 → 지창 → 영향 → 찬죽 → 관자놀이로 차례로 지압하며 끌어 올린다.

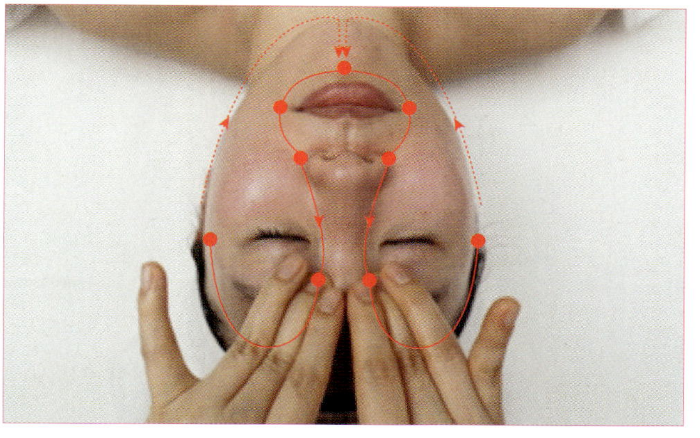

㉛ 3단계 둥글리기

볼 부위를 세 부위(승장 → 귀 밑, 지창 → 귀문 앞, 영향 → 관자놀이)로 나눠서 바깥쪽 방향으로 나선형으로 부드럽게 둥글려 준다.

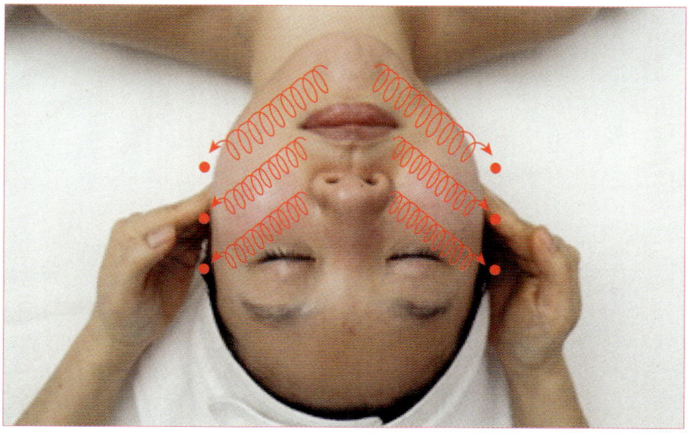

㉜ 얼굴 전체 감싸기

손에 힘을 빼고 가볍게 엄지는 이마에 검지가 코끝에 오게 얼굴을 감싼 뒤 얼굴을 세 방향으로 나누어 (데콜테 방향, 가로 방향, 이마 방향) 부드럽게 쓰다듬는다.

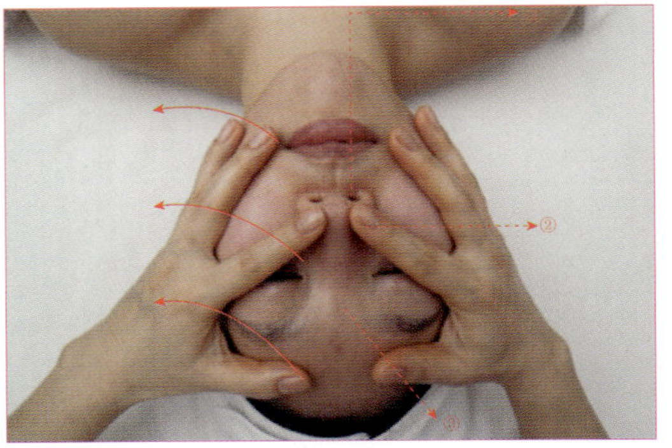

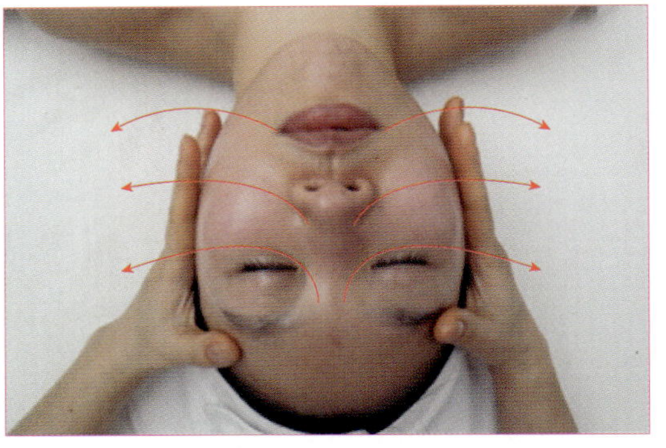

㉝ 끝맺음

손에 힘을 빼고 한 손씩 이마, 턱을 포근하고 부드럽게 감싸준 뒤 다시 한 손씩 차례로 볼을 감싸주고 손의 바깥쪽 부위에 살짝 압을 주어 얼굴 선을 잡아준 후 엄지부터 꽃잎이 열리듯 떼어 준다.

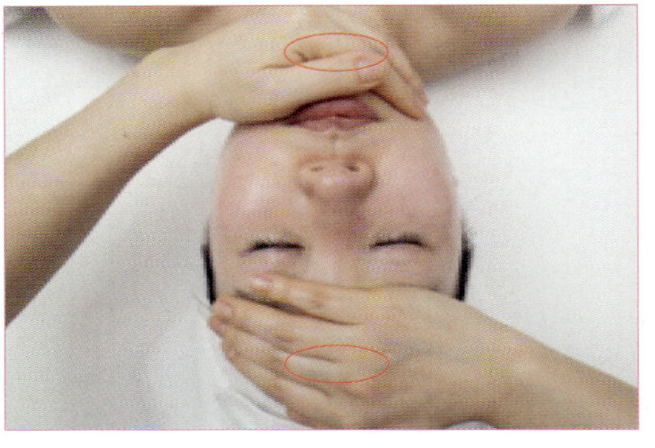

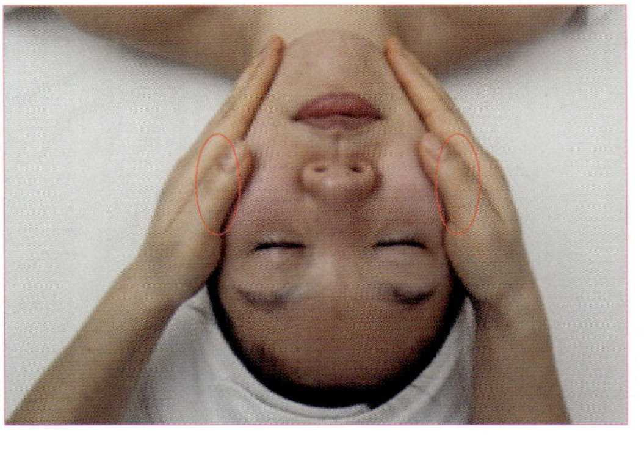

3. 페이스 마사지 마무리

(1) 티슈로 닦기

① 티슈의 접힌 선을 코선에 맞게 올려놓고 양 손으로 눈 부위를 지긋이 누른 후, 검지를 영향점에 놓고 얼굴의 윗부분을 전체적으로 감싸서 가볍게 눌러 준다.

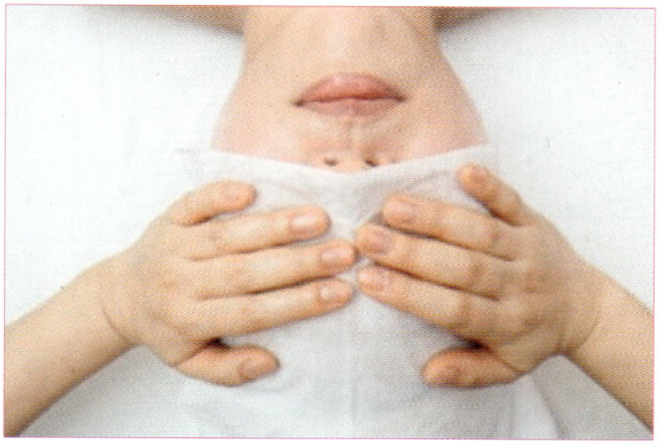

② 티슈의 왼쪽 끝을 살짝 누르고 그대로 돌려서 코 밑에 두고 아래 얼굴을 전체적으로 감싸서 가볍게 눌러 준다.

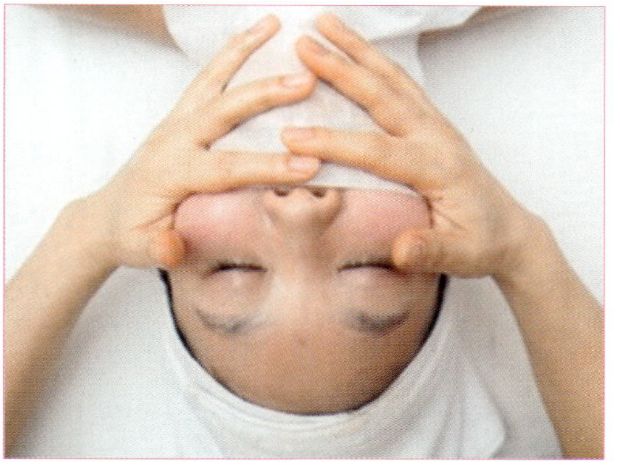

③ 목 부위로 내려 목과 데콜테 부위를 가볍게 눌러 준다.

④ 티슈를 대각선으로 접어 손가락을 감싸서 잔여물을 찍어낸다.

⑤ 사용한 티슈로 테라피스트의 손을 정리하며 마무리한다.

(2) 해면으로 닦기

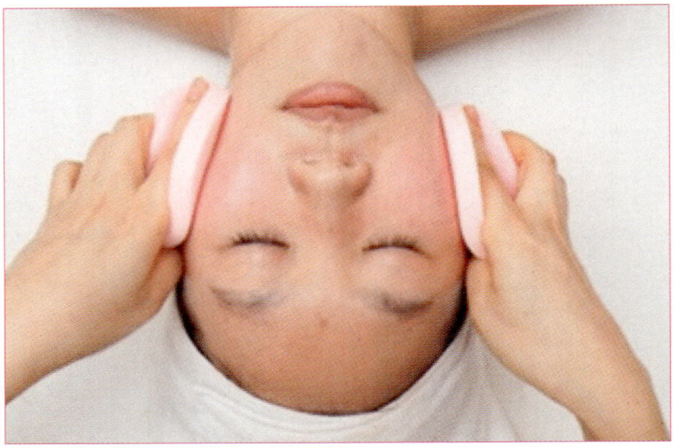

① 눈 주위 : 해면을 눈 위에 올리고 양 손 바닥을 이용하여 가볍게 압을 준 후 압을 빼고 눈꼬리 쪽으로 부드럽게 닦아준다.

② 이마 : 해면을 검지에 끼고 이마를 세 부분으로 나누어 부드럽게 닦아준다(눈썹포함 1선, 이마 중앙, 헤어라인 포함 3선).

③ 눈 밑 & 볼 : 사용하지 않은 부위를 이용하여 눈 아래를 압 없이 터치하듯이 닦아주고 볼을 부채살을 펼치듯이 귀 쪽으로 닦는다.

④ 코 : 한 손을 콧볼 옆에 두고 다른 손으로 콧볼 → 코벽 → 콧등 → 코벽 → 콧볼 순으로 닦는다.

⑤ 인중 & 턱 : 양 손을 교대로 인중과 턱 중앙을 닦고 해면을 넓게 펼쳐 양 손으로 동시에 턱 선에서 귀 밑까지 닦는다.

⑥ 목과 데콜테 : 양 손으로 목을 바깥쪽으로 닦고 데콜테를 횡으로 닦아 어깨를 감싸고 목 측면을 타고 올라오고 귀를 말아 잡고 귓볼과 귀 안을 닦는다.

(3) 온습포로 닦기

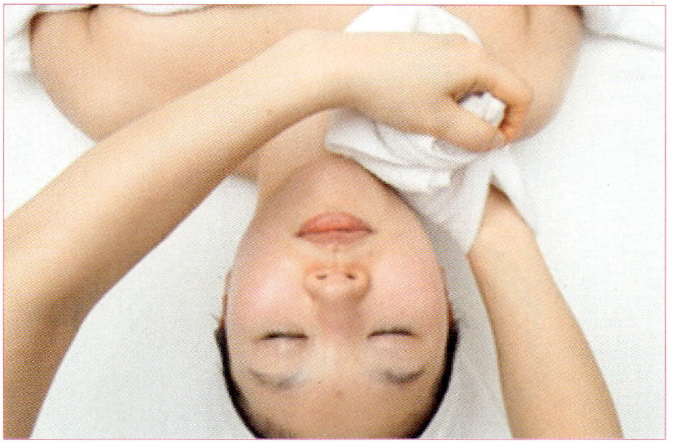

① 길이로 반 접혀진 습포를 두 손등과 손바닥을 오가며 온도를 체크한 후 고객의 측면 턱 밑으로 들어가 중간부위를 코밑에 놓고 양 귀 쪽으로 살짝 잡아당긴 후 놓는다.

② 한쪽 끝을 접어 끝부분이 눈썹꼬리에 오도록 하여 콧구멍을 남기고 삼각형으로 접어 올려서 얼굴 전체를 푹 감싼다.

③ 양 손바닥으로 눈 부위를 가볍게 눌러준 후 이마와 턱, 양 볼을 눌러 습포를 밀착시켜 준 후 얼굴의 지압점을 따라 가볍게 수직 압으로 지압한다.

④ 습포의 접혀진 사이에 손을 넣어 눈 → 이마 → 코 → 볼 → 인중 → 턱 → 귀를 닦고 손등에 펼쳐진 타월을 데콜테에 내려 놓고 타월 위에서 양 손바닥으로 가슴 겨드랑이 어깨를 돌아 뒷목을 닦는다.

⑤ 타월을 반으로 접어 손바닥 위에 올린 후 내 쪽으로 돌려 손바닥을 감싸서 닦이지 않은 부위를 마무리한다.

(4) 토너 바르기

양 손 중지에 토너를 적신 화장솜을 끼워 얼굴 중앙에서 바깥으로 이마 → 눈 밑 → 볼 → 인중 → 턱 → 코 → 목 → 데콜테의 순으로 가볍게 닦아내듯 바른다.

 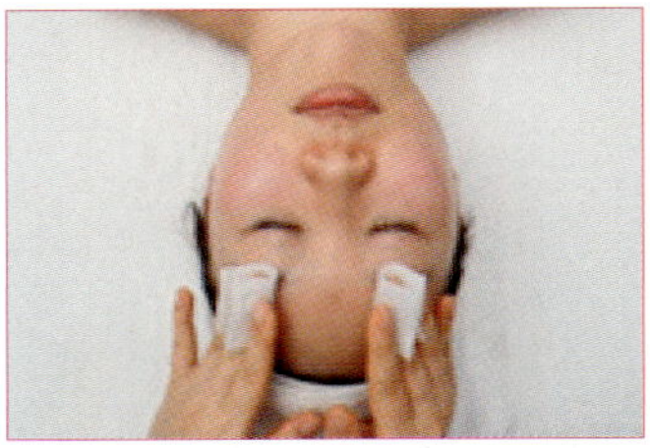 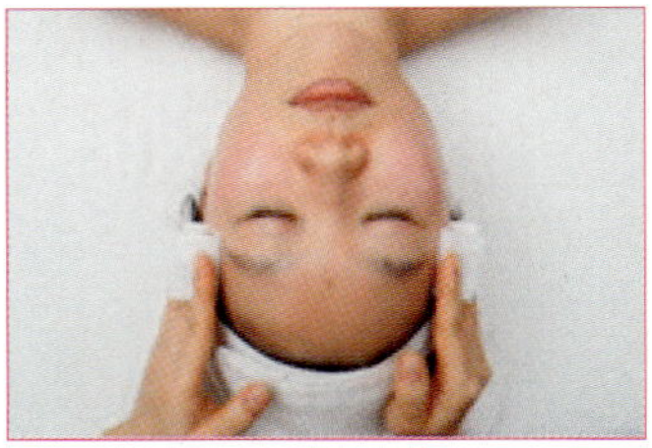

4. 페이스 트리트먼트 후 마무리

(1) 목 적

페이스 트리트먼트의 전 과정의 마무리로 장시간의 트리트먼트 과정을 통하여 긴장되거나 이완된 근육을 스트레칭하여 유연하게 해 주고 고객이 불편함이 없도록 하며, 트리트먼트에 대한 고객의 만족도를 상승시키기 위하여 실시한다.

(2) 주의사항

① 고객에게 무리가 가지 않게 정성껏 부드럽게 시행한다.
② 고객의 표정변화에 주의하면서 압력의 세기를 조절한다.

(3) 방 법

① 헤어라인 지압

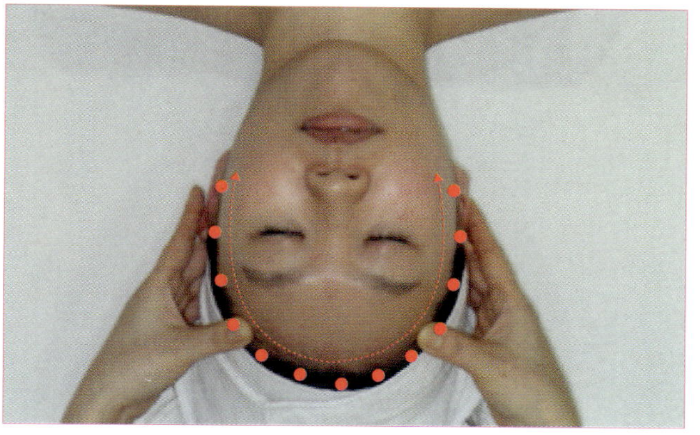

양 손으로 고객의 머리 측면을 감싸고 엄지를 이용하여 중앙에서 바깥쪽으로 헤어라인을 따라 귀앞까지 지압한다.

② 귀 쓰다듬기

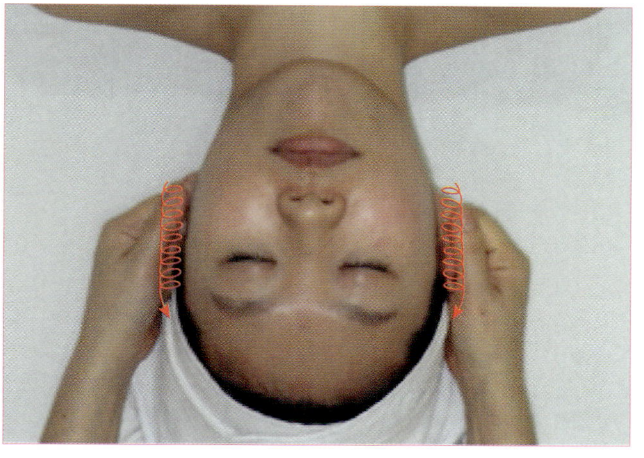

- 양 손 엄지와 2 · 3 · 4지로 귀를 감싸서 맞잡고 귓바퀴를 따라 압을 주어 둥글려 준다(3회 반복).

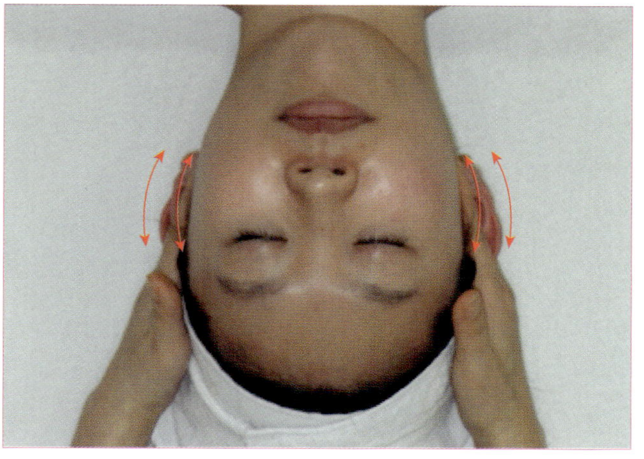

- 검지와 중지 사이에 귀를 끼운 후 귀 주위를 상하로 압을 주어 문질러 준다(3회 반복).

- 엄지 볼과 2 · 3 · 4지로 귀를 감싸 잡고 압을 주어 귀를 바깥쪽으로 쫙 펴준다(3회 반복).

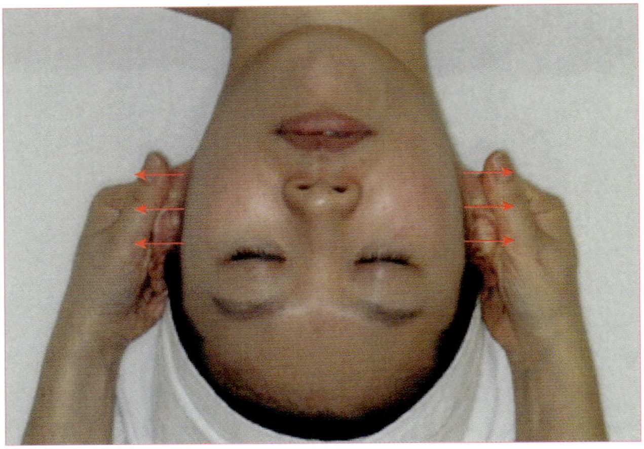

③ 목 측면 둥글리기

- 고개를 옆으로 돌려 엄지를 이용하여 목빗근 측면부터 경추 측면까지 3선으로 나누어 헤어라인에서 어깨 방향으로 나선형으로 둥글려 내려간다.

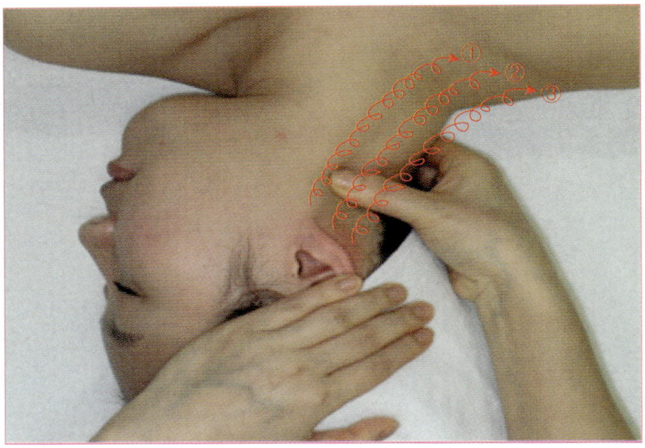

- 고개를 반대로 돌려 같은 방법으로 실시한다.

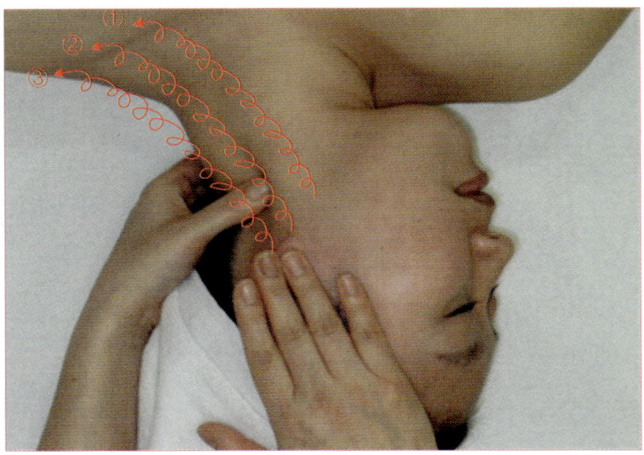

④ 목 후면 주무르기

양 손을 교대로 반대편 경추 측면을 압을 주어 쓸어 올려 준다(3회 반복).

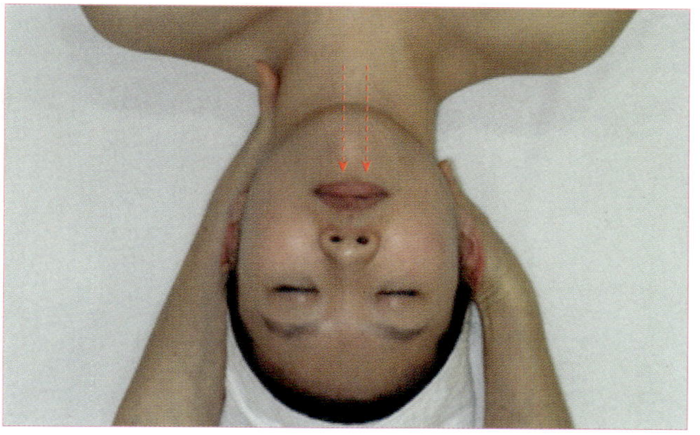

⑤ 뒤 헤어라인 지압하기

양 손 중지를 위주로 아문 → 천주 → 풍지 → 완골 부위에 지압한다.

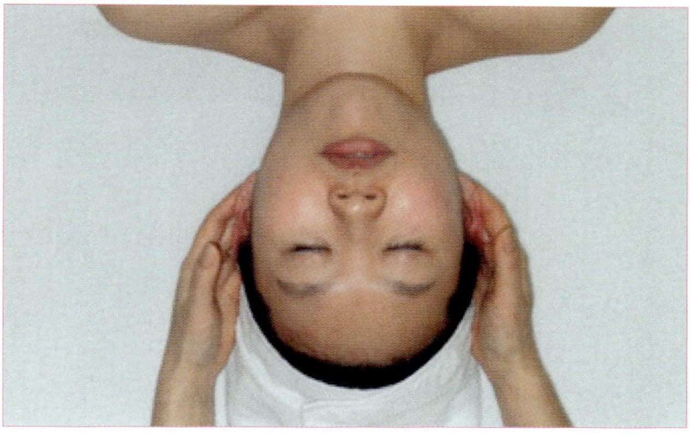

⑥ 두피 쓰다듬기

- 헤어밴드를 풀고 양 손으로 고객의 머리측면을 감싸고 엄지를 이용하여 헤어라인 중앙에서 백회를 향하여 두정부를 양쪽 3선으로 나누어 두피를 압을 주어 둥글려 준다.

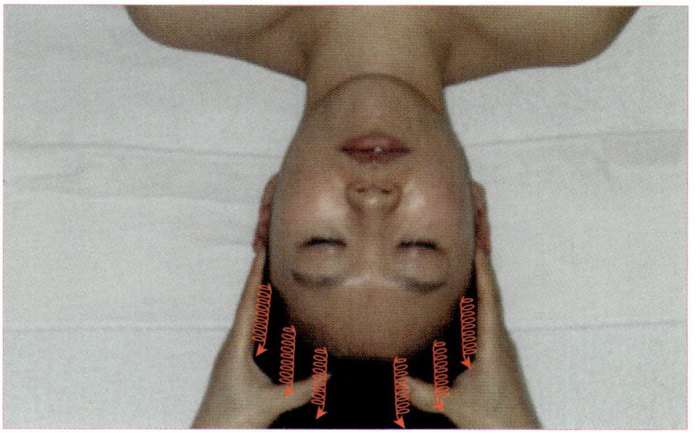

- 엄지를 두정부에 두고 네 손가락을 이용하여 측면을 백회(百會) 방향으로 둥글려 준다.

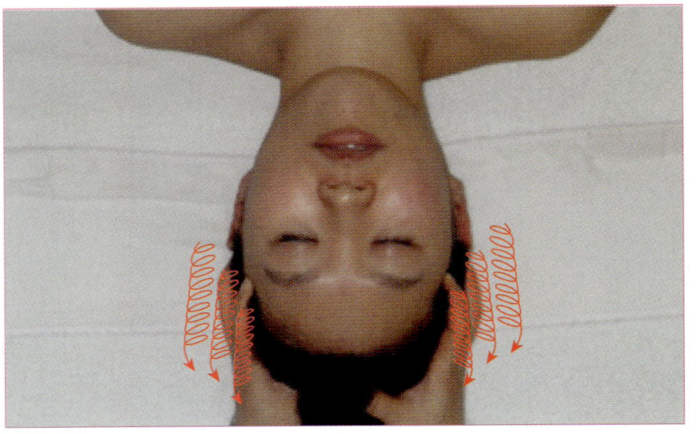

- 한 손씩 네 손가락을 후두부 헤어라인(아문[瘂門], 천주[天柱], 풍지[風池], 완골[完骨])에 놓고 테라피스트 쪽으로 끌어 당기듯이 압한 후 백회 방향으로 둥글려 올라온다.

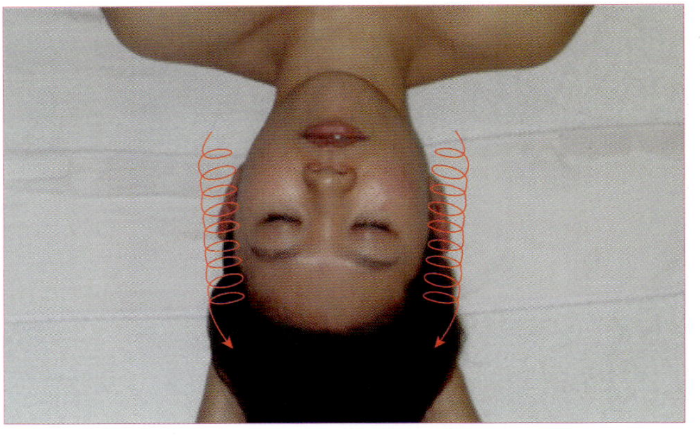

⑦ 머리카락 쓰다듬기

이마에서부터 후두부까지 헤어라인에서 백회 방향으로 손가락으로 부드럽게 빗어준다.

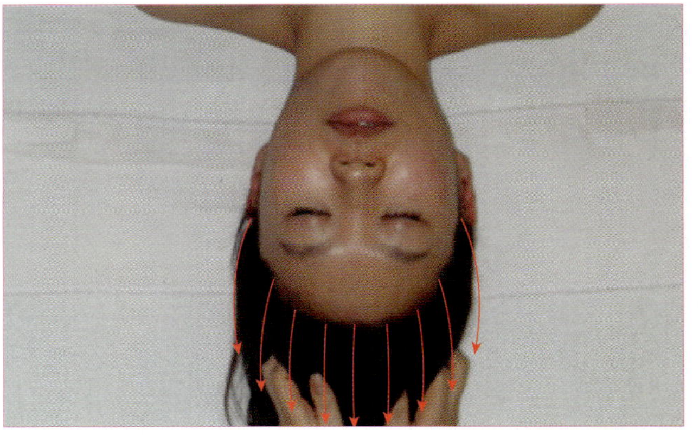

⑧ 엄지로 견정 지압하기

테라피스트는 의자에서 일어서서 양손 엄지를 이용하여 고객 쪽으로 밀듯이 어깨를 3점으로 나누어 지압한다.

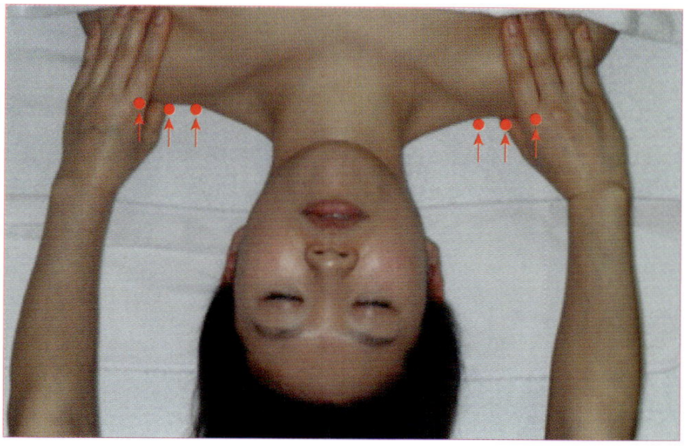

⑨ 어깨 손바닥으로 감싸 눌러주기

고객의 양 쪽 어깨를 양 손 바닥으로 감싸고 양 쪽을 교대로 둥글리듯 지그시 압을 준다.

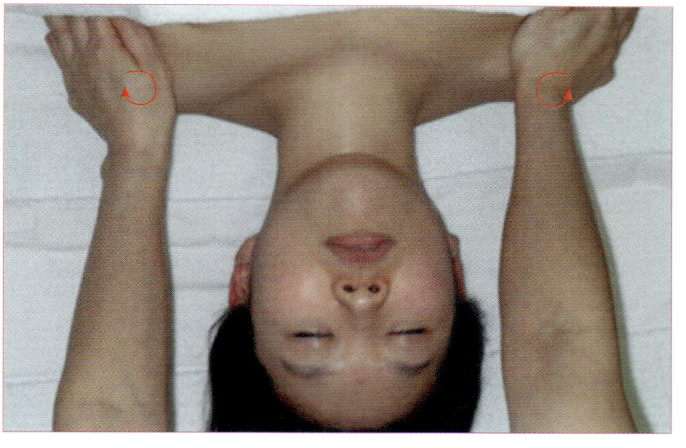

⑩ 윗 팔 눌러주기

견봉(肩峰)에 있던 손바닥을 아래로 미끄러지듯 내리면서 위팔 부위에 수직으로 압을 준다.

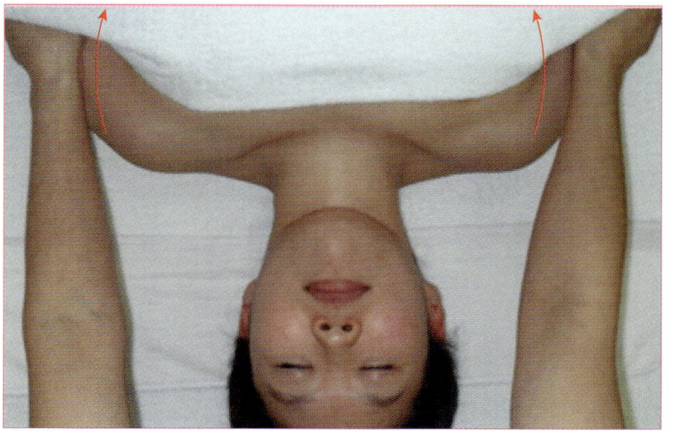

⑪ 팔 스트레칭과 겨드랑이 눌러주기

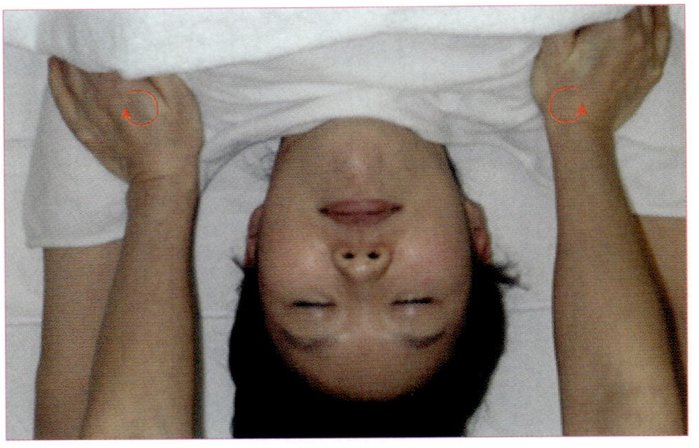

- 고객의 손을 잡고 어깨 위로 올려 잡아당겨 스트레칭 해준다. 그 후 가슴에 있는 앞 수건을 끌어올려 겨드랑이를 덮고 손바닥으로 양쪽 교대로 둥글리듯 지그시 압을 주고 연결하여 위팔의 안쪽 면을 세 부분으로 나누어 압을 준다.
- 다시 고객의 손을 잡고 스트레칭 해준 후 침대에 내려 놓는다.

⑫ 고객 일으키기

- 고객의 목과 어깨를 받쳐 주면서 일으킨다.
- 어깨나 등의 유분기나 잔여물을 온습포로 감싸서 지압하며 닦아 준다.

Part 3

바디 트리트먼트

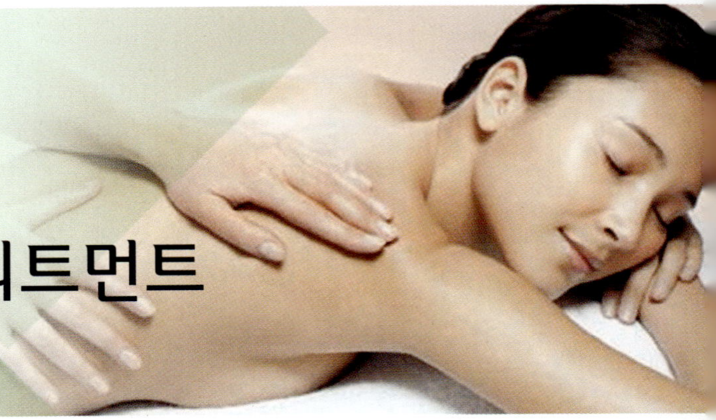

Part 3 바디 트리트먼트

얼굴 피부를 제외한 신체의 모든 부위를 대상으로 하는 관리로 전신을 관리하거나 부분적으로 관리할 수 있다. 전신관리 시 적정시간은 40~60분이며, 부분별 관리는 10~20분 정도가 적당하다.

1. 바디 트리트먼트를 위한 준비

(1) 트리트먼트 룸의 환경

① 트리트먼트 룸은 청결하고 위생적이어야 하며 오일이나 불쾌한 냄새를 제거하기 위하여 환기가 잘 되어야 한다.

② 긴장감을 이완시키고 안정감을 줄 수 있도록 벽과 조명의 색깔과 밝기 및 분위기를 아늑하게 조절한다.

③ 조용하고 부드러운 테라피용 음악과 아로마 향 등을 이용하여 고객의 심신을 이완시켜 준다.

④ 베드는 고객이 춥지 않도록 따뜻하게 데워져 있어야 하며 깨끗하게 세탁된 새 시트와 타월로 세팅되어 있어야 한다.

⑤ 모든 도구의 표면은 깔끔하고 청결히 준비되어야 하며, 오일과 제품들은 사용에 편리하고 보기에 좋게 디스플레이 되어야 한다.

(2) 트리트먼트를 위한 준비물

① 대 · 중 · 소 타월	② 티슈
③ 헤어밴드	④ 바디스크럽
⑤ 온습포	⑥ 해면
⑦ 마사지용 크림이나 오일	⑧ 바디토닉 또는 로션

(3) 바디 마사지를 위한 테라피스트의 올바른 자세

마사지를 하는 동안 테라피스트의 힘을 절약하고 피로를 방지하며, 고객에게 정확하게 압력을 전달함으로써 유익한 관리 서비스를 제공하기 위하여 각 동작에 맞는 바른 자세의 유지는 필수적이다.

① 스트라이드 스탠딩

기마자세라고도 하며, 신체를 가로질러 동작을 할 때 양 발을 어깨 넓이만큼 벌리고 서서 등은 곧게 펴고 무릎을 가볍게 구부린 자세로, 높이의 조절은 양 발의 간격과 무릎의 굽힘 정도로 조절할 수 있다.

② 워크 스탠딩

궁수자세라고도 하며, 팔이나 몸통처럼 긴 부위를 신체의 수직방향으로 동작을 하는 경우에 한 발은 앞에 다른 발은 뒤쪽에 놓아서 걸음을 걷는 듯한 자세를 만들고 체중을 앞쪽 발과 뒤쪽 발로 옮기며 진행한다. 이 자세는 체중을 이용하여 마사지 동작을 할 때 유용하며 보폭을 넓히거나 좁힘으로써 힘의 강도를 조절할 수 있다.

2. 전신 뼈대와 근육 및 근막의 이해

(1) 전신 뼈대

뼈대계통은 인체의 형태를 유지하면서 근육을 부착시켜 운동을 할 수 있게 하며 체내의 모든 뼈와 연골 및 이를 연결하는 관절을 포함한다. 뼈대계통은 자세의 유지, 보호, 운동 및 조혈기능이 있다.

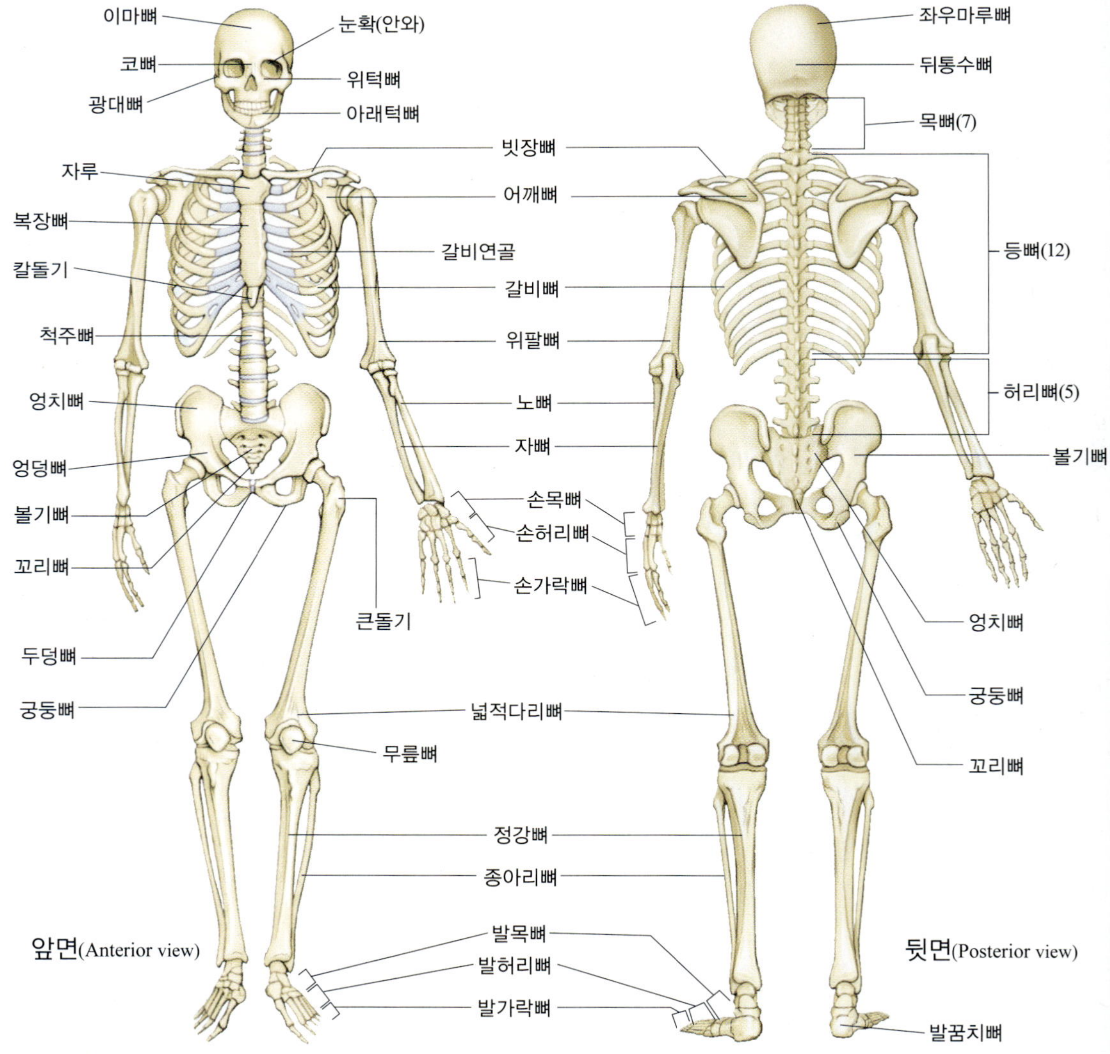

(2) 전신의 근육

우리 몸의 운동은 근육이 수축하는 힘에 의해 일어난다. 근육은 변화하는 주위 환경에 적응하는 데 중요한 역할을 한다. 근육조직은 걷고, 달리고, 물건을 들어 올리는 등 신체에 움직임을 제공한다. 특히 뼈대 근육은 우리가 의식해서 사용할 수 있으므로 수의근이라고 하며, 뼈에 부착되어 있다.

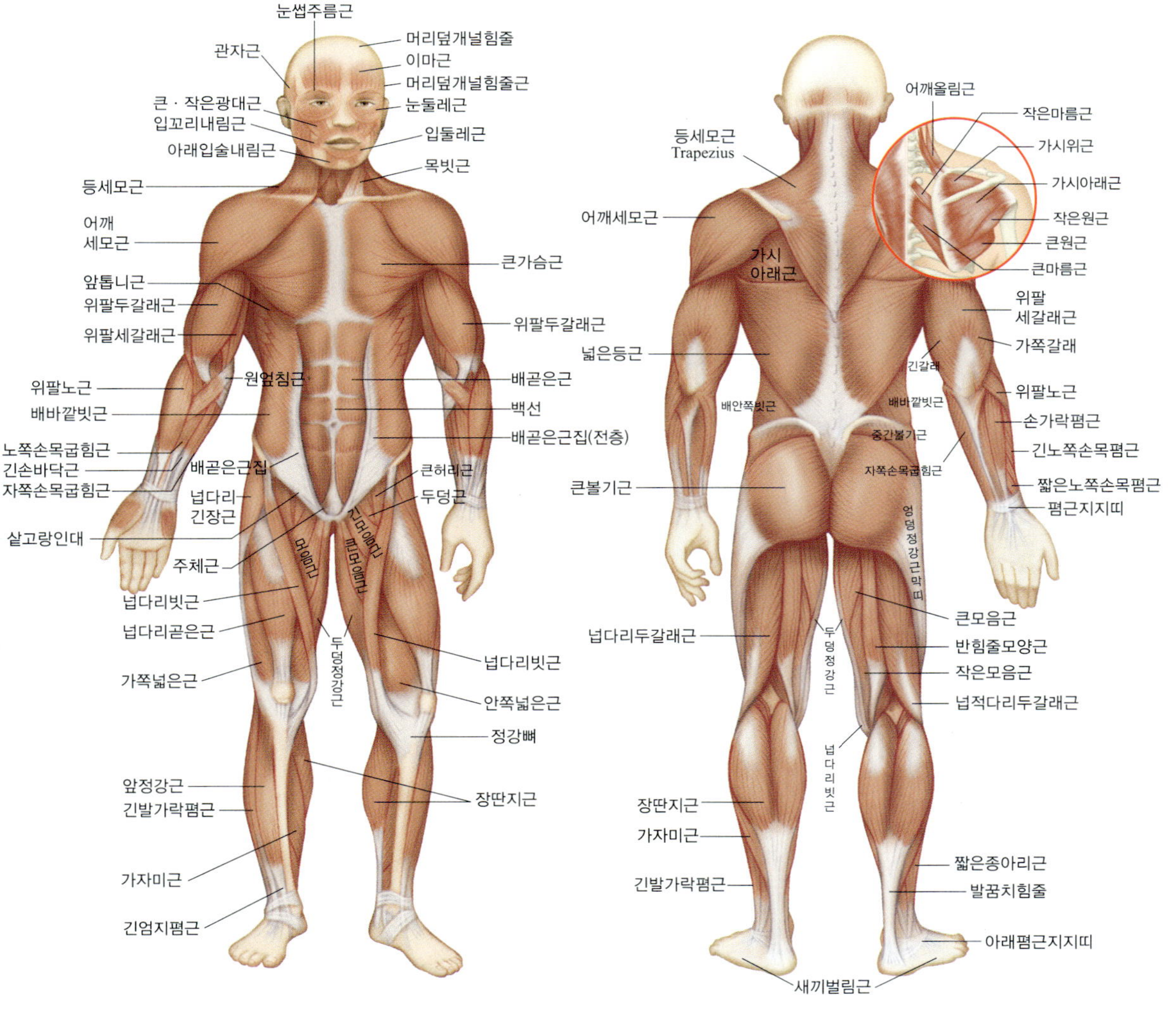

(3) 근막의 이해

근막은 붕대나 띠를 의미하는 라틴어로 치밀결합조직으로서 피부와 피부 밑에서 우리 몸의 대부분을 덮고 있으며 신체에 가장 넓게 분포된 조직형태이다. 근막은 연부조직의 지지대로써 외부와 내부의 신체의 형태를 형성할 뿐만 아니라 근육 및 혈관, 신경을 감싸고 있으며 주변의 내부 장기를 감싸고 지지하며 고정한다.

근막은 그 위치에 따라 다르게 이름 붙여지는데 뼈에서는 골막, 심장 주위에서는 심장막, 복강 안에서는 복막, 피부아래층에서는 신체 전체를 덮고 근육을 둘러싸는 근막으로 불린다.

① 근막의 분자적 구성

- 섬유 – 콜라겐, 엘라스틴
- 기질액 – 히알루론산, 프로테오글리칸

② 근막의 작용

- 신체와 그 신체 부분의 모양을 형성하고 제자리에 고정한다.
- 근막은 경계선을 제공하며 근육의 힘을 증가시킨다. 만약 근막을 제거하면 근육의 힘은 약해진다.
- 골막은 뼈 치유 시에 뼈가 제 형태를 유지하게 해준다.
- 근막은 다른 곳으로의 감염의 확산을 억제하면서 체액을 운반한다.
- 순환계의 혈관과 모세혈관을 지탱하고 림프계와 신경계를 고정한다.
- 조직액과 임파액의 흐름에 중요한 역할을 한다.
- 근막은 반흔조직을 형성하는 세포를 포함하며, 건과 인대를 회복시키고 결합조직을 두텁게 한다.

③ 근막의 분류

- 표층근막

피하 조직 또는 표피하층이라고 불리며 진피의 아래에 위치하고 있다.

- 심부근막

근육을 싸고 있는 근막은 각각의 근섬유를 싸고 있는 근내막과 근육내의 근다발을 둘러 싸고있는 근외막, 근육을 싸고 있는 근상막으로 구성되어 있다.

또한 내부장기를 싸고 있는 장기막, 장간막, 혈관막, 골막, 건막, 인대, 신경막 등과 함께 표층근막의 아래쪽에 깊숙이 자리하고 있다.

④ 근막의 연속성

우리 몸의 모든 근막은 연속되어 있으므로 신체 한 부분에서의 근막의 유착이나 변형은 우리 몸의 다른 부분 또는 전체에 영향을 미치게 된다. 마치 스타킹이나 스웨터의 립 조직처럼 한 부분의 실이 당겨지면 멀리 떨어진 반대편까지도 조직의 모양이 변형되는 것과 같이 부분적인 근막의 변형이나 유착은 다른 신체 기관이나 신체 전체에 영향을 미쳐 통증을 유발할 수 있다.

마사지는 마찰과 압력을 적용하여 각 근육의 근막을 들어 주거나 이완시켜 줌으로써 조직액의 흐름을 원활하게 해 주고 근막의 유착을 해소시켜 주어 통증을 감소시킬 수 있다.

3. 손과 팔 마사지

손은 신체부위 중 24시간 늘 자외선 등 외부환경에 노출되어 있고 지속적인 물리적인 활동에 의해 근육이 피로해지고 피부가 거칠어지기 쉽다. 손과 팔은 감정을 나타내거나 숨기기 위한 수단으로 사용되므로 팔의 긴장은 두통 또는 목과 어깨통증의 원인이 될 수 있다. 또한 손은 우리 몸을 반사하는 곳으로 손을 마사지함으로써 반사이익을 얻을 수도 있다.

손과 팔 마사지를 통하여 손상되기 쉬운 피부를 관리하여 주고 살롱 트리트먼트(salon treatment) 시 고객의 만족감을 향상시킬 수 있다.

1. 손과 팔을 구성하고 있는 뼈와 근육

(1) 팔의 뼈

팔은 양쪽 모두 64개의 뼈로 이루어져 있으며, 빗장뼈와 어깨뼈에 연결되어 있다.

위팔뼈(2)와 노뼈(2)와 자뼈(2), 손목뼈(16), 손허리뼈(10), 손가락뼈(28)로 구성되어 있다.

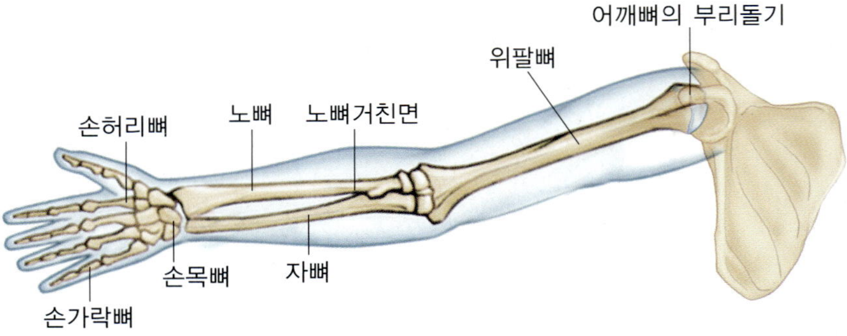

(2) 위팔의 주요 근육

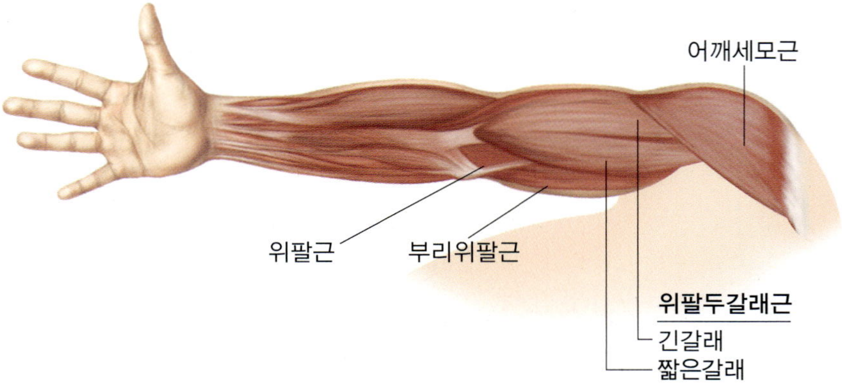

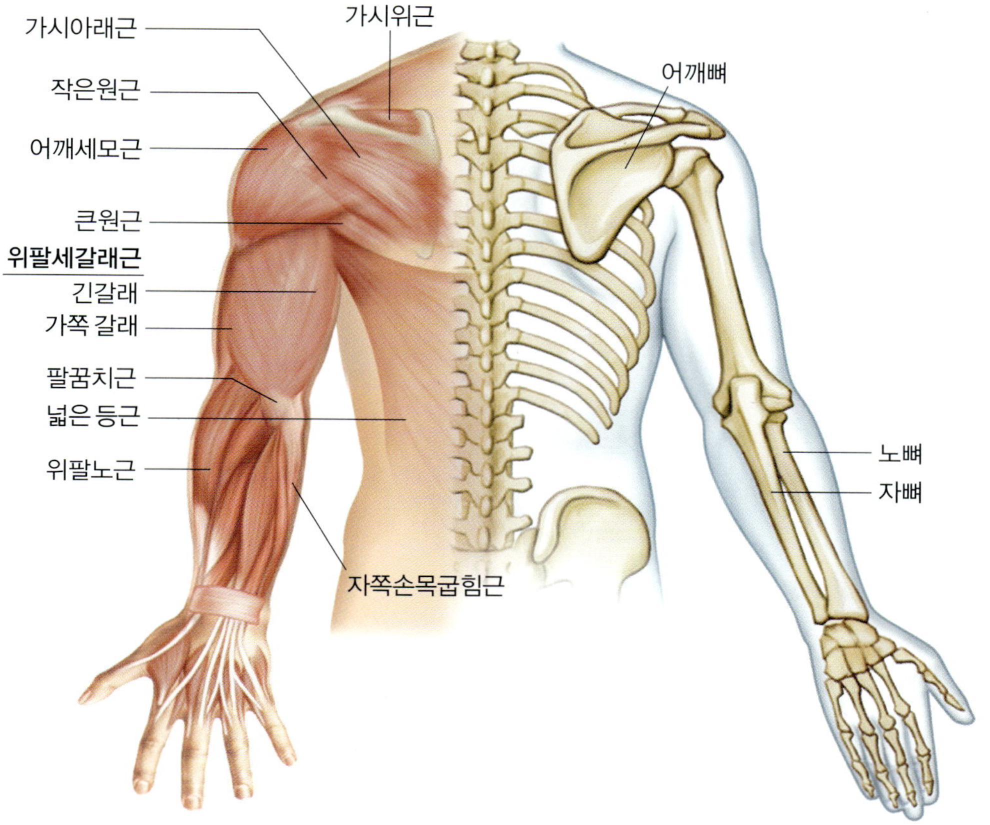

① 어깨세모근 (삼각근, Deltoid)

- 이는 곳 : 앞 빗장뼈 바깥쪽 1/3, 어깨봉우리, 어깨뼈가시
- 닿는 곳 : 위팔뼈세모근 거친면
- 작 용 : 위팔뼈를 굽히고 수평으로 모으고, 안쪽으로 돌린다.

② 위팔두갈래근 (상완이두근, Biceps brachii)

- 이는 곳 : 짧은 갈래–어깨뼈 부리돌기
  긴 갈래–어깨뼈관절 위 결절
- 닿는 곳 : 노뼈거친면, 위팔두갈래널힘줄
- 작 용 : 팔꿈치 굽히기, 아래팔 뒤침, 위팔뼈 굽히기

③ 위팔세갈래근 (상완삼두근, Triceps brachii)

- 이는 곳 : 긴 갈래–어깨뼈관절아래결절
  가쪽 갈래–나선고랑 위 위팔뼈 뒤쪽
  안쪽 갈래–나선고랑 아래 위팔뼈 뒤쪽
- 닿는 곳 : 노뼈거친면, 위팔두갈래널힘줄
- 작 용 : 팔꿈치 펴기, 위팔뼈 펴기

(3) 아래팔의 주요 근육

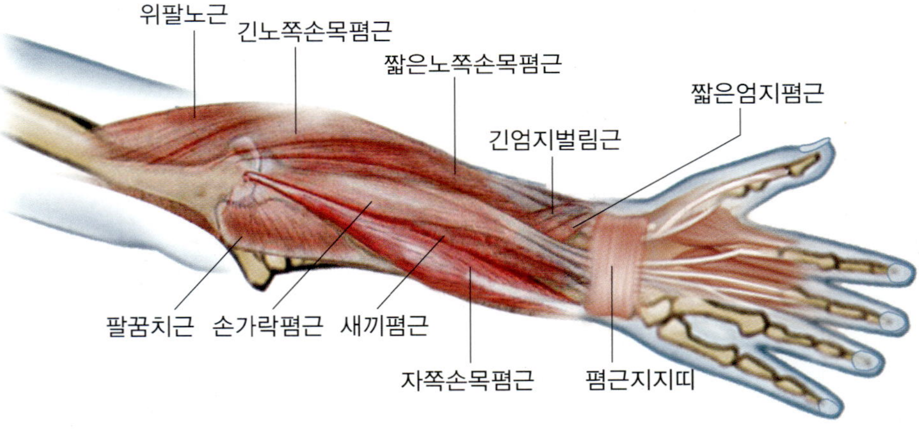

① 긴노쪽손목폄근 (장요측수근신근, Extensor carpi radialis longus)

- 이는 곳 : 위팔뼈 가쪽관절융기위능선과 가쪽위관절융기
- 닿는 곳 : 2번째 손허리뼈 바닥
- 작 용 : 손목 펴기와 벌리기

② 짧은노쪽손목폄근 (단요측수근신근, Extensor carpi radialis brevis)

- 이는 곳 : 위팔뼈의 가쪽위관절융기
- 닿는 곳 : 3번째 손허리뼈 바닥
- 작 용 : 손목 펴기

③ 자쪽손목폄근 (척측수근신근, Extensor carpi ulnaris)

- 이는 곳 : 위팔뼈 가쪽위관절융기
- 닿는 곳 : 5번째 손허리뼈 바닥
- 작 용 : 손목펴기, 모으기

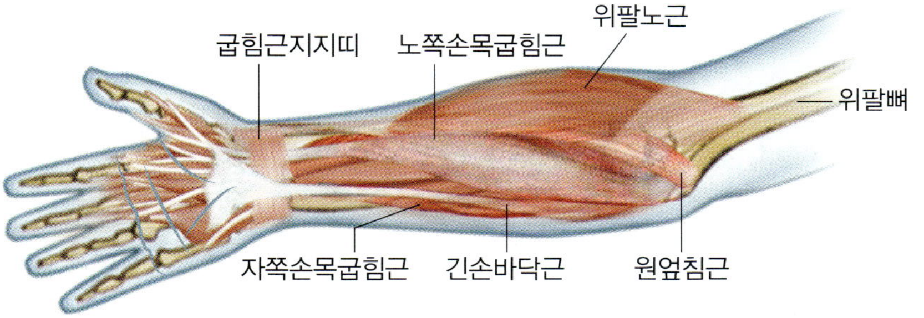

① 위팔노근 (상완요골근, Brachioradialis)

- 이는 곳 : 위팔뼈 가쪽관절융기능선
- 닿는 곳 : 노뼈 붓돌기
- 작 용 : 중립위치에서 아래팔과 팔꿈치관절 굽히기에 관여한다.

② 노쪽손목굽힘근 (요측수근굴근, Flexor carpi radialis)

- 이는 곳 : 위팔뼈의 안쪽위관절융기
- 닿는 곳 : 2, 3번째 손허리뼈바닥
- 작 용 : 손목굽히기, 벌리기

③ 자쪽손목굽힘근 (척측수근굴근, Flexor carpi ulnaris)

- 이는 곳 : 위팔뼈갈래 – 위팔뼈안쪽위관절융기
  자뼈갈래 – 몸쪽 뒤쪽 자뼈와 자뼈팔꿈치돌기
- 닿는 곳 : 콩알뼈, 갈고리뼈, 5번째 손허리뼈 바닥
- 작 용 : 손목펴기, 모으기

④ 긴손바닥근 (장장근, Palmaris longus)

- 이는 곳 : 위팔뼈안쪽관절융기위능선
- 닿는 곳 : 손바닥널힘줄, 굽힘근지지띠
- 작 용 : 손목굽히기를 보조

(4) 손의 주요 근육

① 손등의 근육

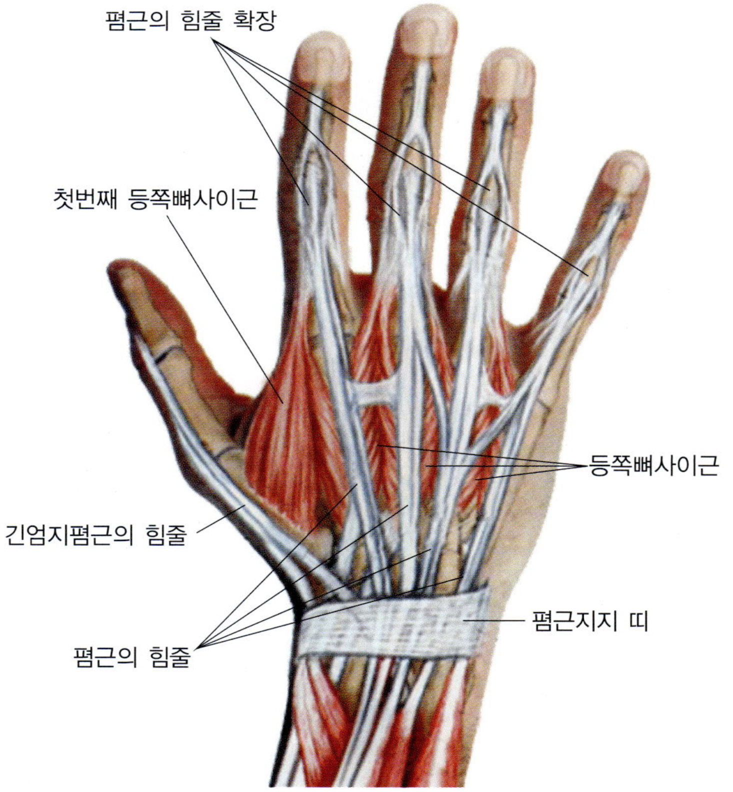

② 손바닥의 근육

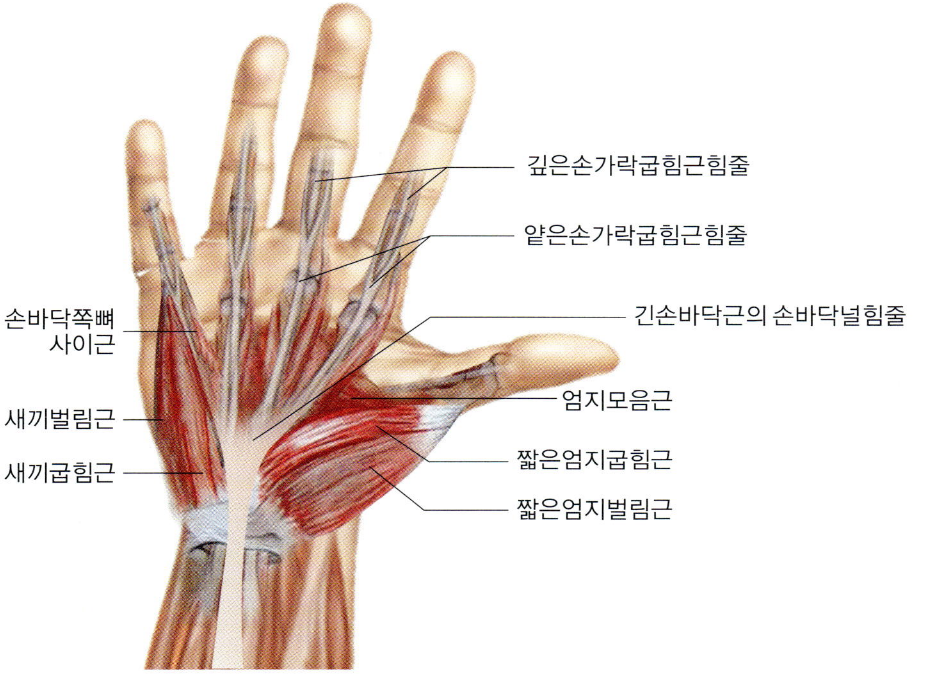

깊은손가락굽힘근힘줄
얕은손가락굽힘근힘줄
긴손바닥근의 손바닥널힘줄
손바닥쪽뼈 사이근
엄지모음근
새끼벌림근
짧은엄지굽힘근
새끼굽힘근
짧은엄지벌림근

2. 마사지 전 준비

(1) 타월 드레이핑

- 고객이 편안하게 안정될 수 있도록 작은 타월을 이용하여 눈을 가려 준다.
- 관리를 받지 않는 부위는 타월로 감싸 체온을 유지한다.

(2) 클렌징

- 바디 스크럽제나 클렌저를 이용하여 클렌징 한다.

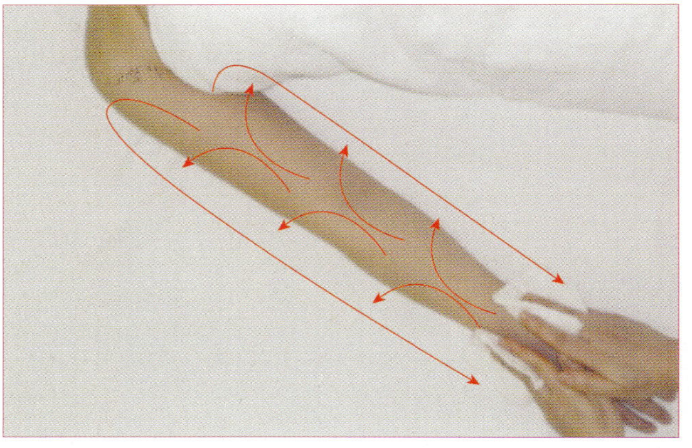

3. 손과 팔 마사지

도포동작

양 손바닥으로 오일을 고양이 걸음처럼 부드럽게 고객의 바깥쪽 손부터 손등에서 시작하여 마지막 어깨에 바깥 손이 오도록 5부위로 나누어 준 후 그대로 가볍게 쓸어 내리며 팔과 손 전체에 도포해 준다.

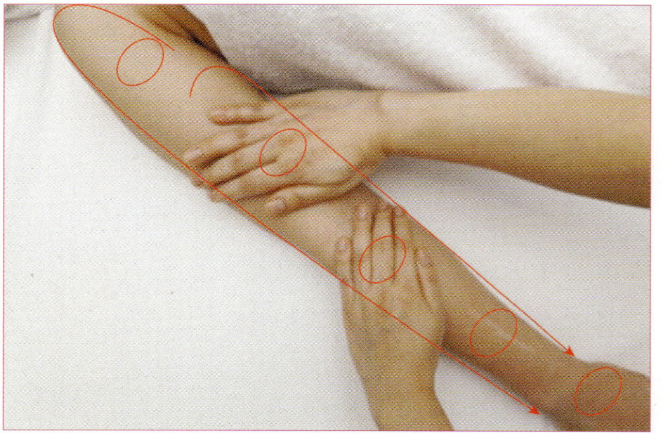

① 팔 안과 밖으로 길게 쓰다듬기

고객 쪽에 있는 손(안쪽 손)으로 손목을 고정하고 바깥 손을 이용하여 안쪽에서 쓰다듬어 올라가 어깨를 감싸 돌아 바깥쪽으로 내려오며 가볍게 스트레칭 해준다.

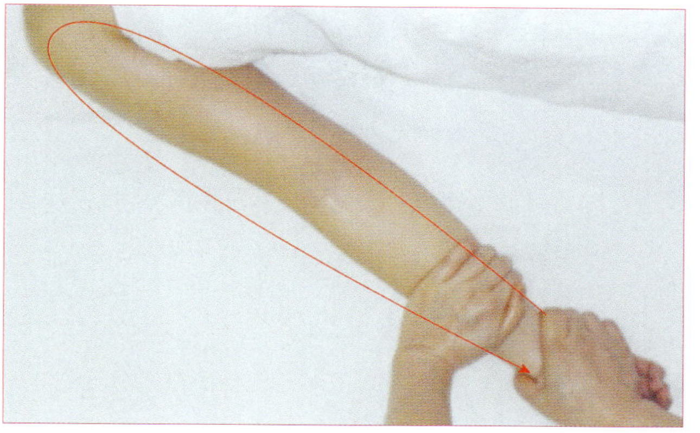

바깥 손으로 손목을 고정하고 고객 쪽 손(안쪽 손)을 이용하여 바깥쪽에서 쓰다듬어 올라가 어깨를 감싸 돌아 안쪽으로 내려오며 가볍게 스트레칭 해준다.

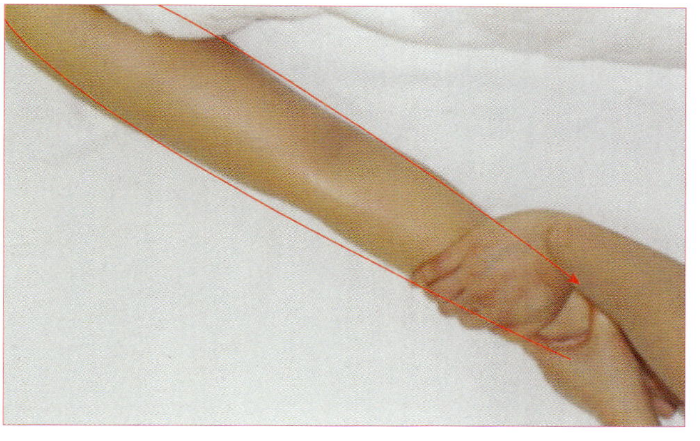

② 손 전체 비벼주기

고객의 엄지와 소지 사이에 양 엄지를 끼우고 가볍게 비벼 준다.

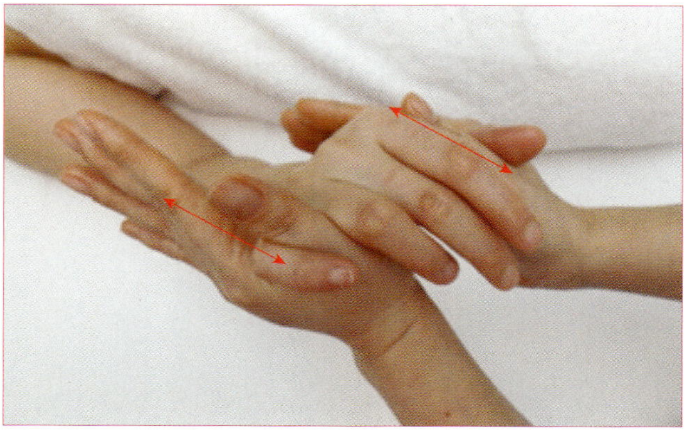

③ 손등 쓰다듬기

양 손의 엄지와 엄지 볼을 나란히 하여 손등의 아래에서 위 바깥방향으로 압을 주어 둥글게 쓰다듬는다(6회 반복).

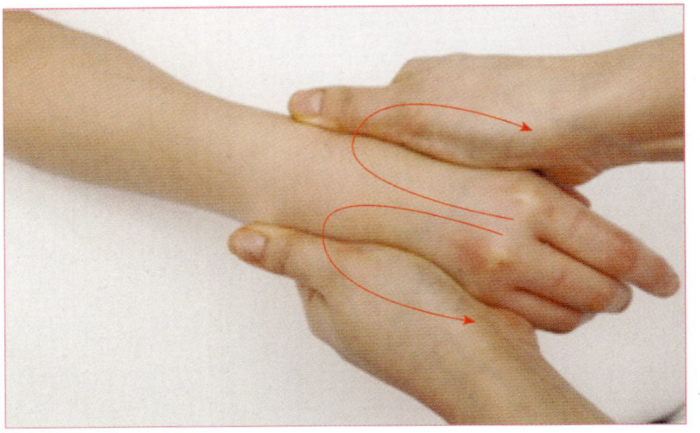

④ 엄지로 손등 쓸어주기

양 손의 검지와 중지로 손목을 고정하고 엄지를 이용하여 교대로 손등을 바깥쪽부터 촘촘히 쓸어 올린다(왕복 3회).

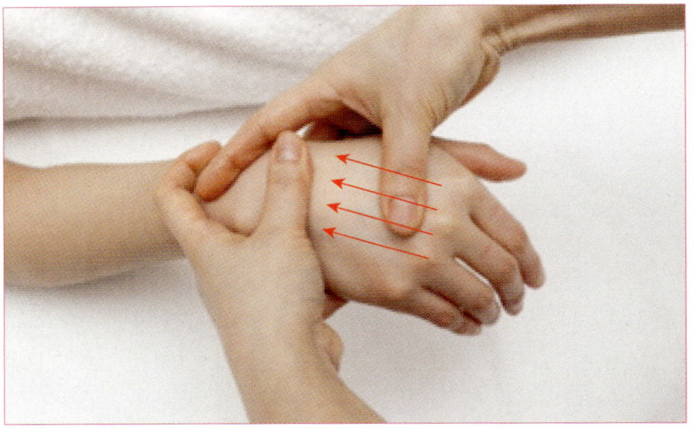

⑤ 손허리뼈 사이 마찰하기

한 손으로 고객의 손을 잡고 다른 손 엄지의 측면을 이용하여 손허리뼈 사이를 압을 주어 둥글려 올라갔다가 밀고 내려온다(한 부위당 3회 반복).

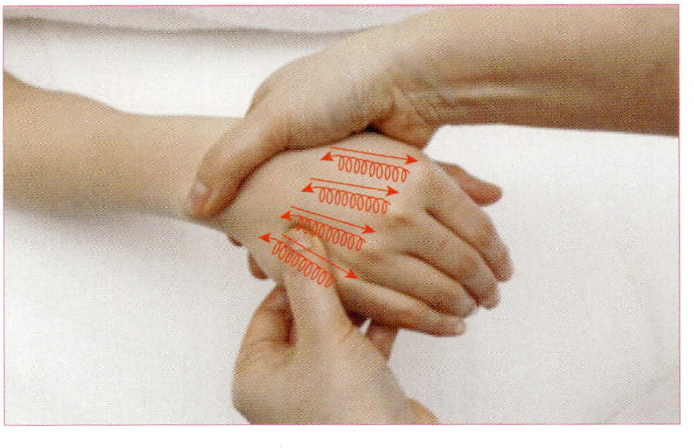

⑥ 손가락 집어준 후 쓰다듬기

검지와 중지의 중간마디뼈를 이용하여 새끼손가락부터 끝마디뼈 중간 측면 → 중간마디뼈 중간 측면 → 첫마디뼈 중간측면 → 첫마디뼈 중간 전 · 후면 → 중간마디뼈 중간 전 · 후면 → 끝마디뼈 중간 전 · 후면(조근 부위)을 집어 준 후 측면으로 쓸고 올라가서 전 · 후면으로 쓸어 내린(3회) 후 조근 부위에 압을 주고 가볍게 튕겨 준다.

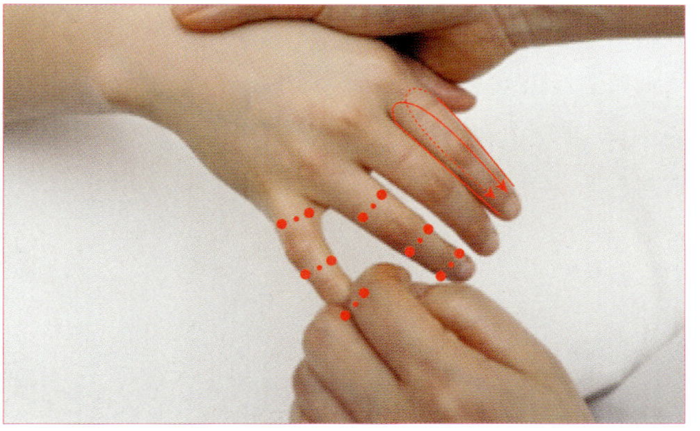

⑦ 엄지로 손바닥 마찰하기

양 손 엄지를 이용하여 손가락에서 손목 방향으로 가지치기 해서 올라간 다음, 1 · 2지와 4 · 5지 사이로 압을 주어 손바닥을 펴 주듯이 쓸어 내린다.

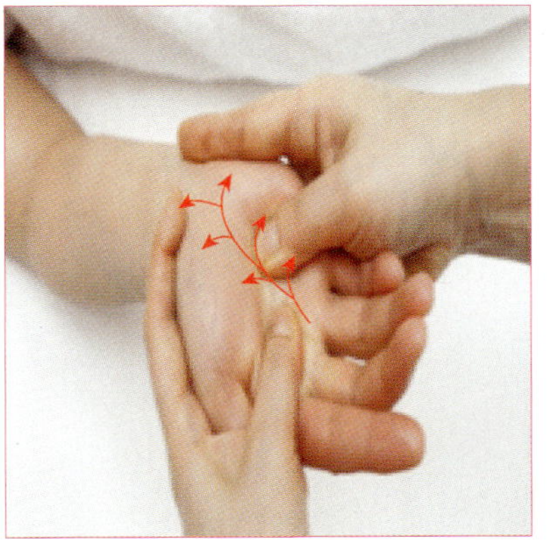

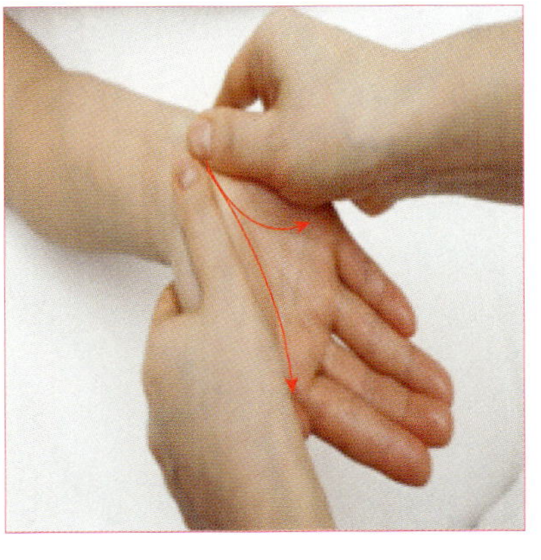

⑧ 손바닥 진정 동작

테라피스트의 손바닥 위에 고객의 손을 받치고 주먹의 등을 이용하여 손 끝에서부터 손목 방향으로 쭉 밀어 올렸다가 손바닥으로 쓸어 내린다.

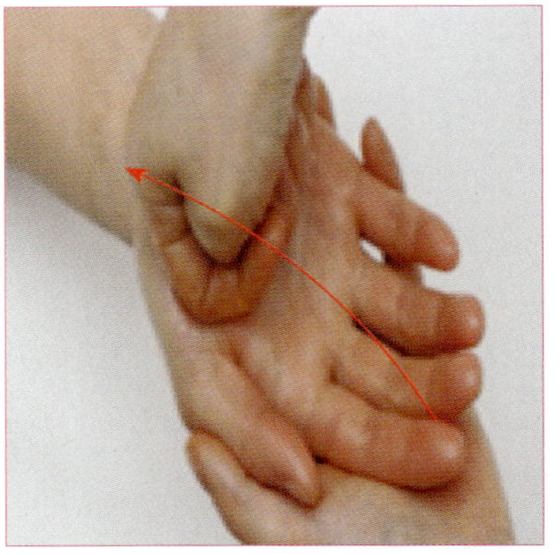

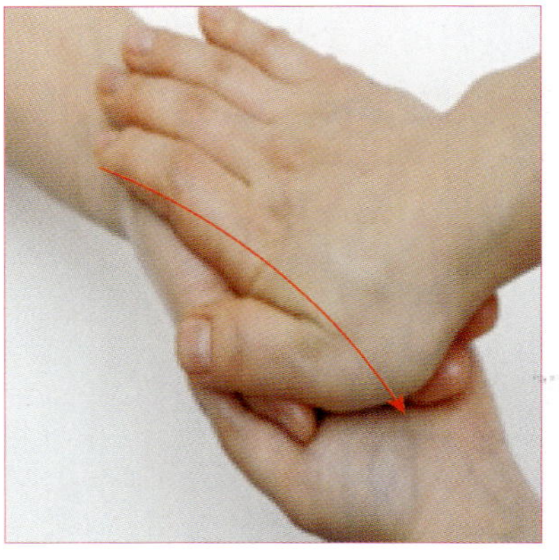

⑨ 손가락 떨어주기

한 손으로 손목을 고정시키고 고객의 손과 마주보는 손으로 깍지를 끼운 후 힘을 빼고 가볍게 흔들어 준다. 손가락을 옆으로 틀어 자근자근 지압한 후 첫마디뼈 → 중간마디뼈 → 끝마디뼈에 압을 주며 훑어내듯 빼낸다.

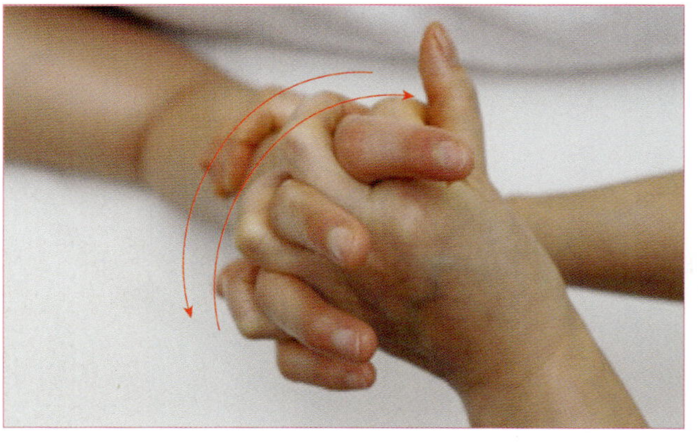

⑩ 팔 안과 밖으로 길게 쓰다듬기

안쪽 손으로 손목을 고정하고 바깥 손을 이용하여 안쪽에서 쓰다듬어 올라가 어깨를 감싸 돌아 바깥쪽으로 내려오며 가볍게 스트레칭 해 준다.

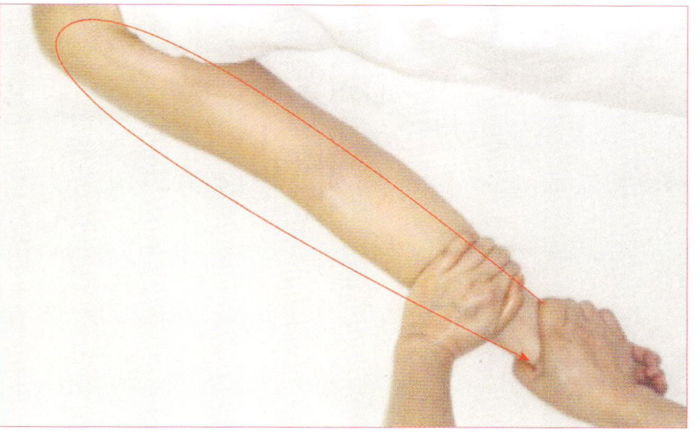

바깥 손으로 손목을 고정하고 안쪽 손을 이용하여 바깥쪽에서 쓰다듬어 올라가 어깨를 감싸 돌아 안쪽으로 내려오며 가볍게 스트레칭 해 준다(교대로 3회 반복).

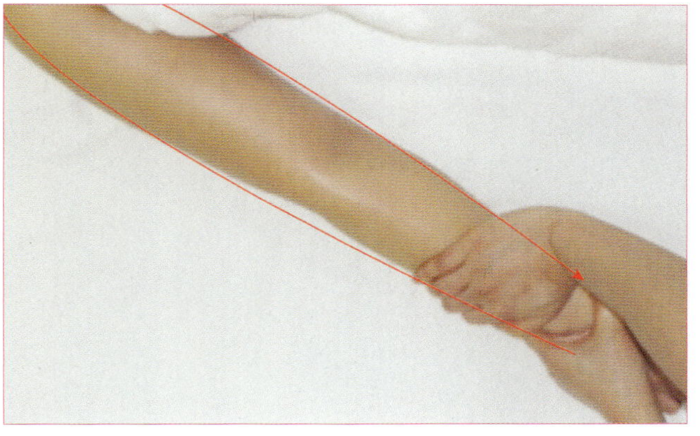

⑪ 팔꿈치 쓰다듬기

안쪽 손으로 손목을 잡고 바깥 손바닥으로 팔꿈치를 감싸서 둥글게 쓰다듬어 준다.

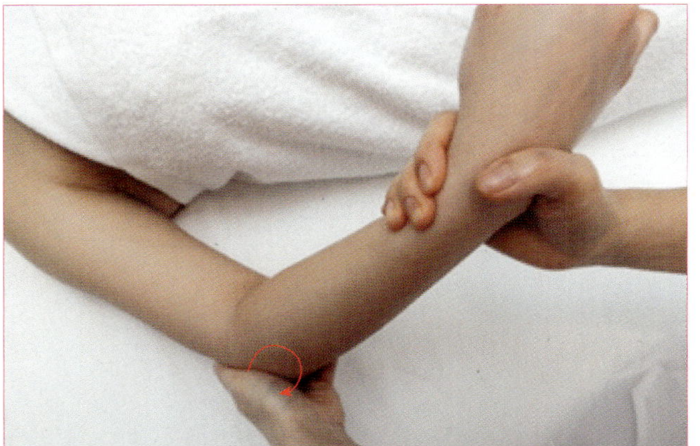

⑫ 하모니카 동작

양 손을 피부에 밀착해서 팔을 감싸 잡고 신장과 이완이 동시에 일어나도록 마주 부딪치며 팔목에서 상완까지 왕복 3회 반복하여 실시한다.

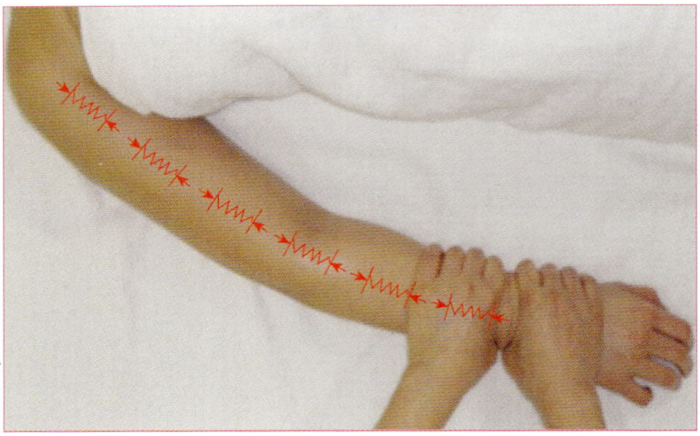

⑬ 손바닥 엇갈려 문지르기

양 손바닥에 체중을 실어 서로 엇갈려 문지르며 팔목부터 위팔까지 왕복한다(3회 반복).

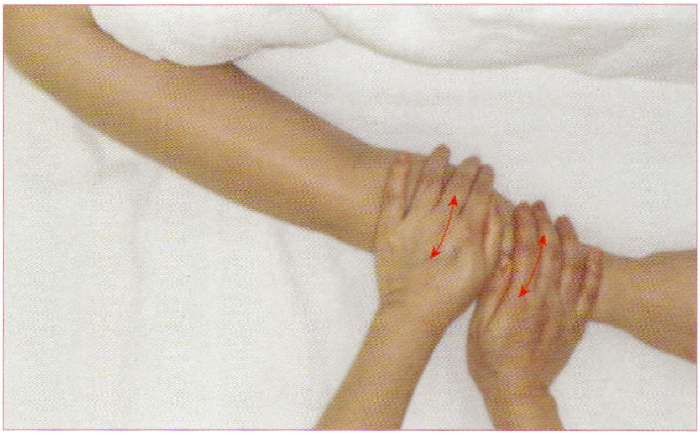

⑭ 팔 바깥 쪽과 안 쪽 길게 마찰하기

한 손으로 손목을 잡고 팔의 양가쪽 근육을 엄지와 2 · 3 · 4지를 이용하여 집듯이 바깥 쪽으로 둥글려 어깨까지 올라가서 어깨를 감싸 돌아 손가락에 압을 주어 훑어 내린다(3회 반복).

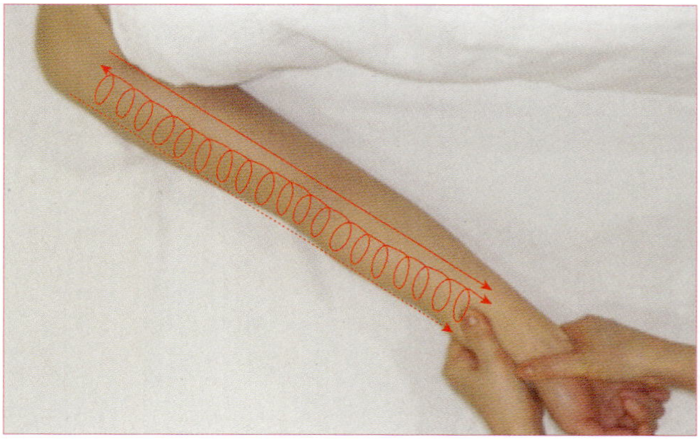

안 가쪽 근육도 같은 방법으로 팔꿈치까지만 실시한다(3회 반복).

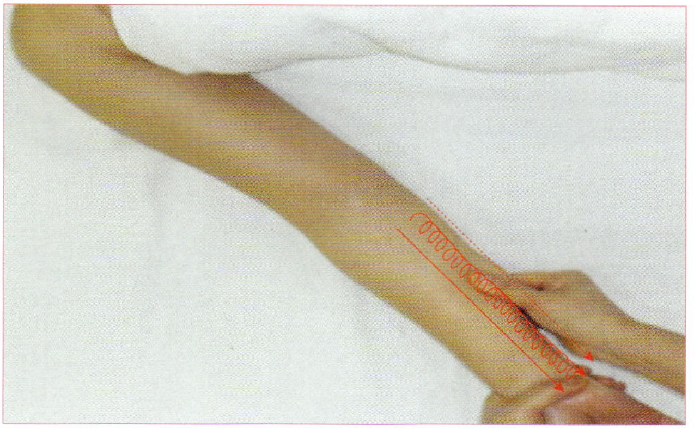

⑮ 반죽하기

팔 바깥 쪽을 양 손의 엄지와 네 손가락을 서로 교차시키며 반죽하면서 손목에서 시작하여 아래팔 부분은 1선으로 위팔 부분은 2선으로 나누어 안쪽으로 올라가 어깨를 돌아 바깥쪽으로 손목까지 내려온다(3회 반복).

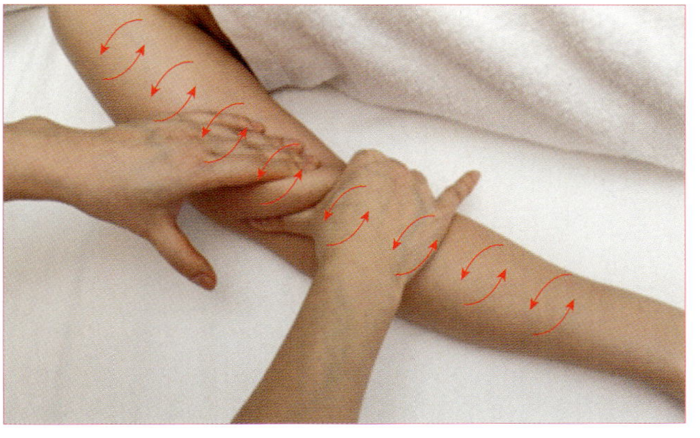

⑯ 위팔 손바닥으로 롤링(둥글리기)

고객의 손을 반대편 어깨에 가도록 세워서 양 손바닥으로 위 아래로 압을 주며 둥글려 준다.

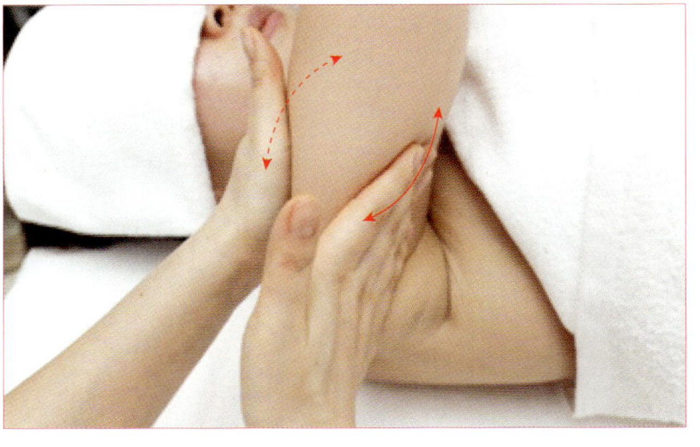

⑰ 어깨세모근 마찰하기

양 손 엄지를 이용하여 어깨세모근 부위를 아래에서 위로 가지치기하듯 마찰하여 어깨까지 올라간 후 엄지 볼 부위로 근육의 모양대로 쓰다듬어 내려온다(3회 반복).

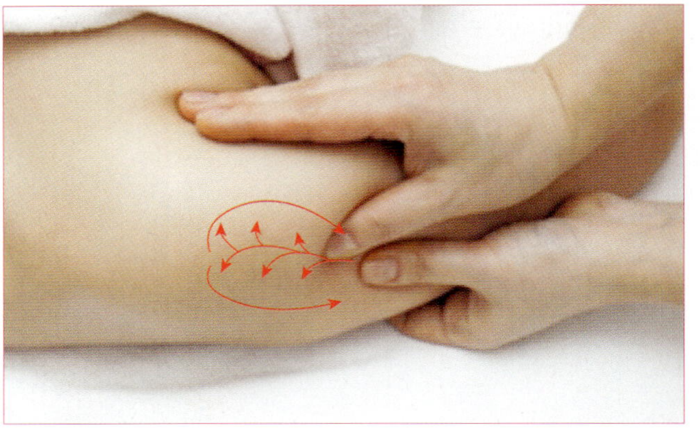

⑱ 팔 길게 쓰다듬기

안쪽 손으로 손목을 고정하고 바깥 손을 이용하여 안쪽에서 쓰다듬어 올라가 어깨를 감싸 돌아 바깥쪽으로 내려오며 가볍게 스트레칭 해준다.

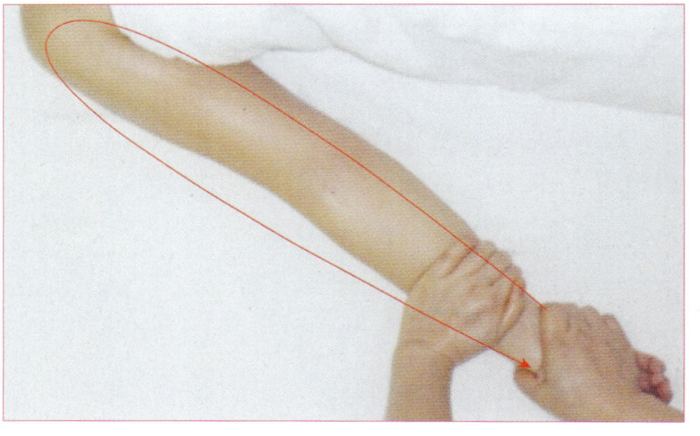

바깥 손으로 손목을 고정하고 고객 쪽 손(안쪽 손)을 이용하여 바깥쪽에서 쓰다듬어 올라가 어깨를 감싸 돌아 안쪽으로 내려오며 가볍게 스트레칭 해준다.

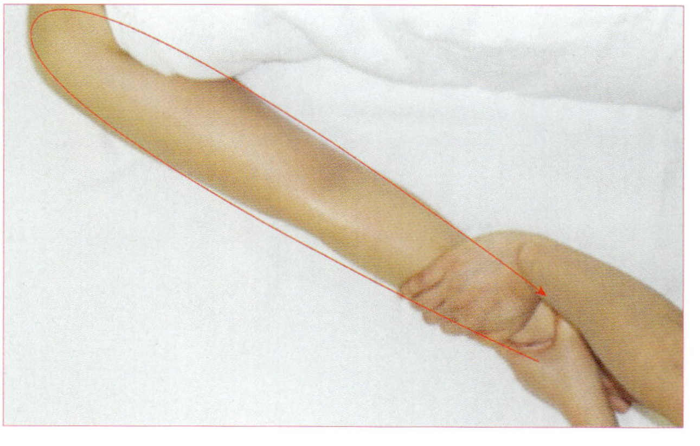

4. 손과 팔 관리의 마무리

(1) 티슈로 닦기

2장의 티슈를 이용하여 팔을 감싸고 누르듯이 가볍게 닦아낸다.

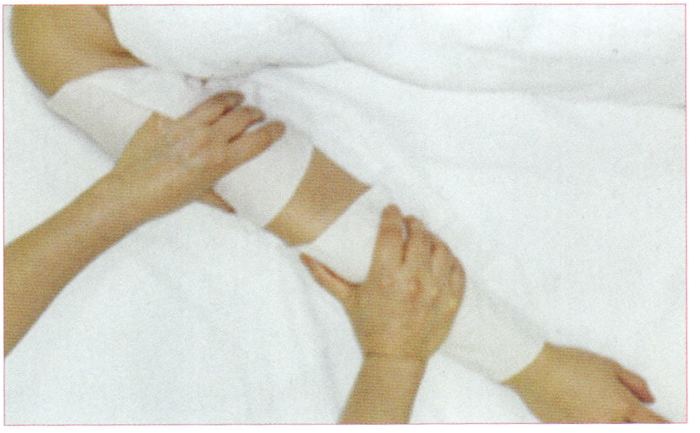

(2) 습포로 닦기

온습포를 이용하여 팔을 감싸 덮은 후에 한 손은 손등에, 다른 손은 겨드랑이 부위에 놓고 양쪽으로 밀어 주듯 압을 준다.

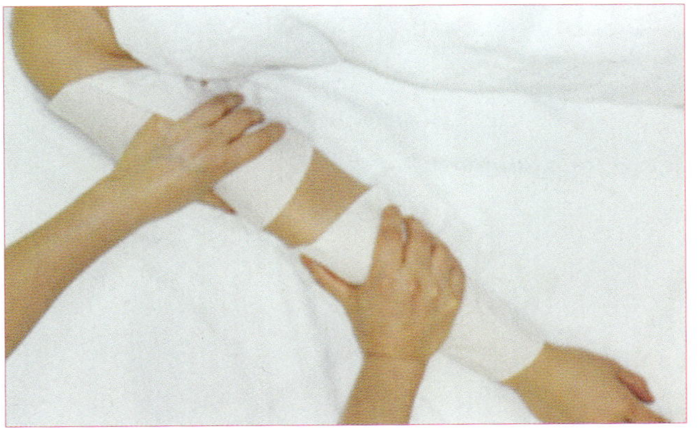

손바닥으로 팔을 감싸 잡고 손목부터 전체를 꾹꾹 누르며 압을 준다.

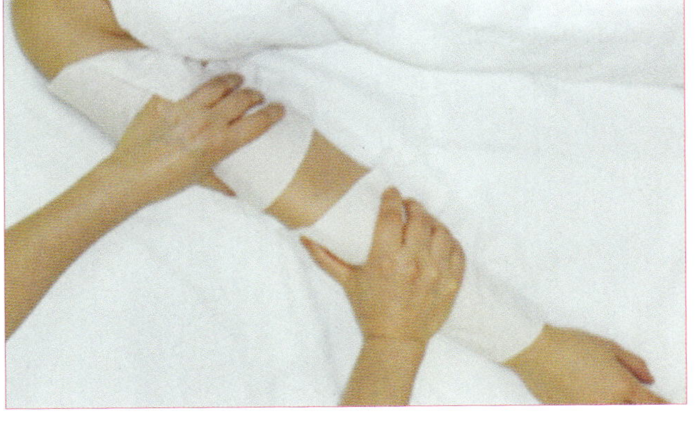

타월의 윗부분을 중지에 끼워 안으로 밖으로 어깨와 윗부분을 닦아 준 후 1/3을 접어 끼워 윗팔과 팔꿈치를 닦고 다시 접어 끼워 아래팔을 닦는다.

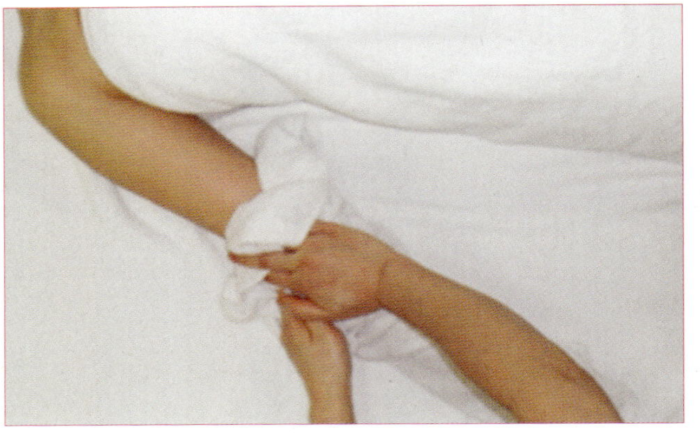

타월을 반으로 접어 손을 감싼 후에 양 손 엄지로 손허리뼈 사이를 눌러 주고 손가락 사이사이 손톱부위 등을 세밀하게 닦아 준다.

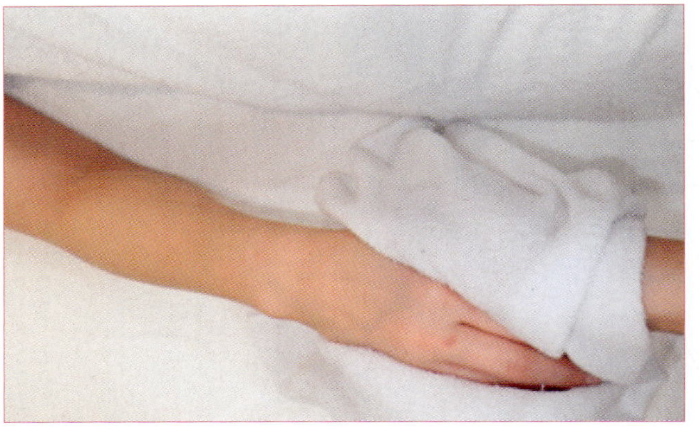

(3) 바디 전용 토너나 로션으로 마무리

피부 타입에 맞는 토너나 바디로션을 적당량을 덜어 부드럽게 쓰다듬기 동작으로 발라 준다.

4. 가슴 마사지

가슴은 여성 특유의 아름다움을 나타내는 중요한 신체 부위로 미적인 측면에서 매우 중요하다. 유방은 근육 위에 지방과 유선으로 구성되어 있으며 중력에 의해 처짐 등의 현상이 나타나기 쉬우므로 마사지를 통하여 탄력향상을 돕고 혈액순환의 촉진과 노폐물의 배출을 용이하게 할 수 있다.

1. 흉부를 구성하는 뼈와 근육

(1) 가슴 우리

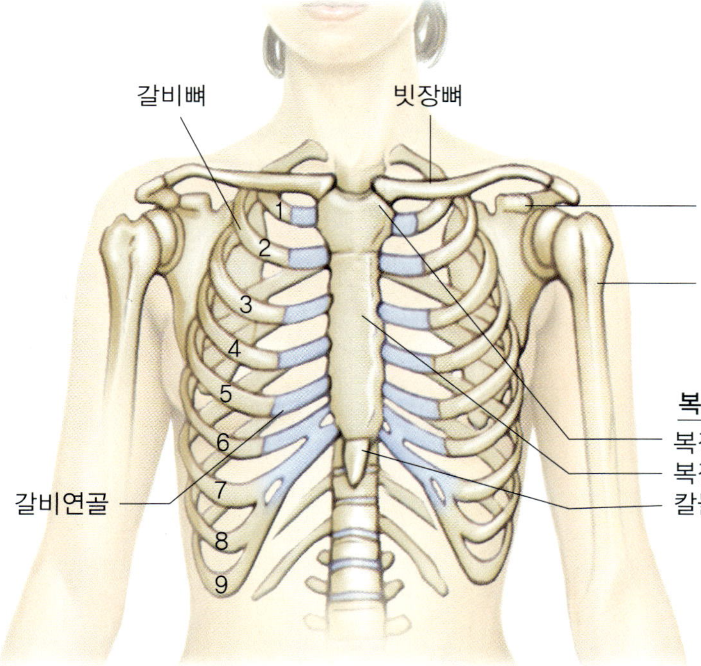

① 복장뼈(흉골, Sternum) : 복장뼈자루(흉골병, Manubrium), 복장뼈몸통(흉골체, Body), 칼돌기(검상돌기, Xiphoid process)로 구성되어 있다.

② 갈비뼈(늑골, Rib) : 12쌍의 갈비뼈로 구성되어 있으며, 뒤로는 등뼈와 관절하고 앞으로는 복장뼈와 관절한다.

1–7 갈비뼈 : 참갈비뼈(진성 늑골, True rib)

8–10 갈비뼈 : 거짓갈비뼈(가성 늑골, False rib)

11–12 갈비뼈 : 뜬 갈비뼈(부유늑골, Floating rib)

(2) 가슴 부위의 주요 근육

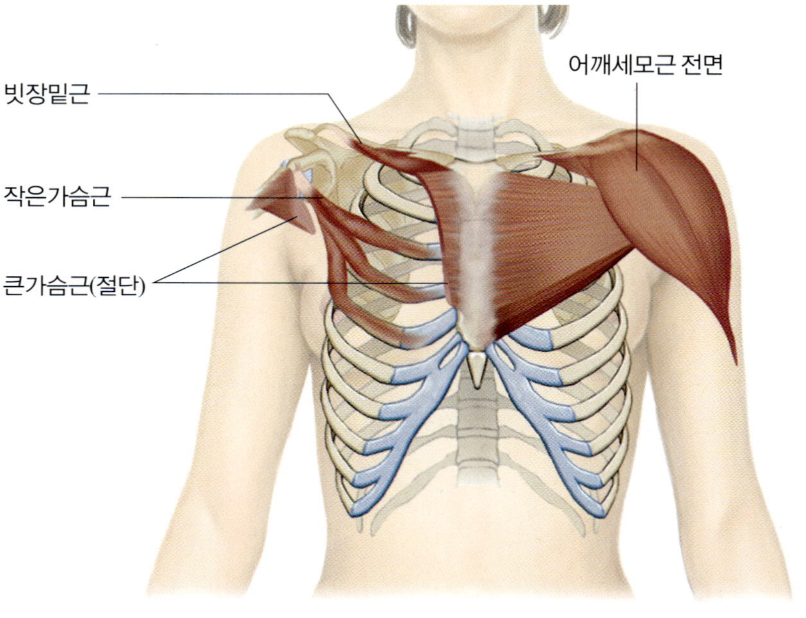

① 큰가슴근 (대흉근, Pectoralis major[cut])

- 이는 곳 : 빗장뼈의 안쪽 중간, 복장뼈의 위쪽 6개의 갈비연골
- 닿는 곳 : 위팔뼈결절사이고랑의 가쪽 능선
- 작 용 : 위팔뼈를 모으고 안쪽으로 돌리기, 복장뼈와 갈비뼈를 위로 당겨 준다.

② 작은가슴근 (소흉근, Pectoralis minor)

- 이는 곳 : 갈비연골부근 3, 4, 5번 갈비뼈의 앞면
- 닿는 곳 : 어깨뼈 윗면의 안쪽 모서리에 있는 어깨뼈부리돌기
- 작 용 : 어깨뼈를 앞으로 내밀고 내리고, 아래쪽으로 돌린다.

(3) 여성의 가슴 구조

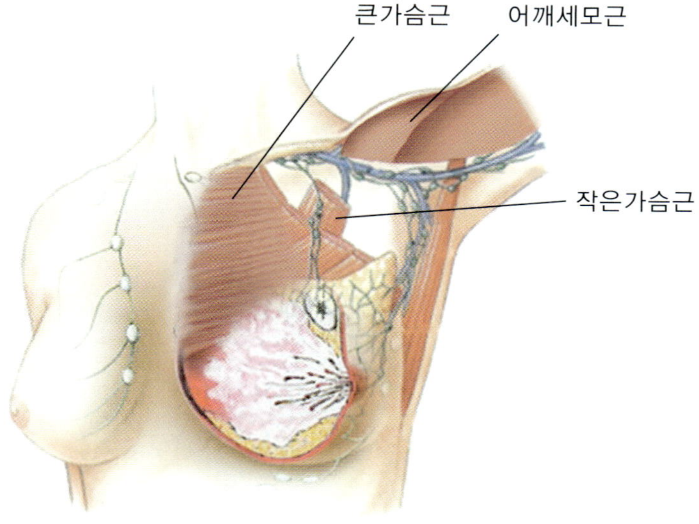

여성의 가슴은 큰가슴근 위로 가슴의 모양이나 탄력을 주는 섬유조직과 부드러움과 크기를 결정하는 피하지방이 많이 분포되어 있으며 모유의 생산과 분비를 위한 유선과 유관이 골고루 분포되어 있다.

2. 마사지 전 준비

클렌징

적당량의 클렌저로 화장솜이나 온습포를 이용하여 닦아준다.

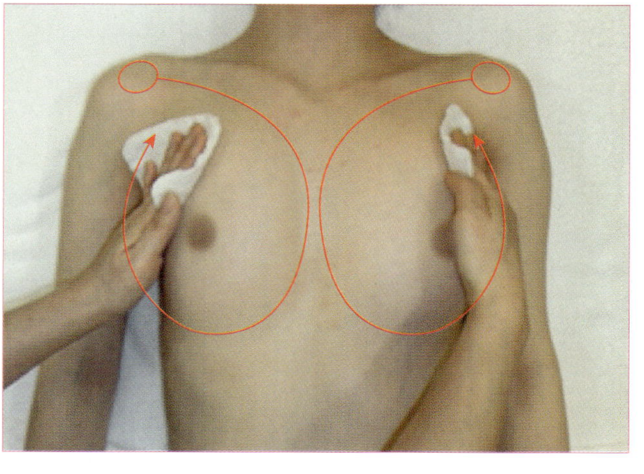

3. 가슴 마사지 동작

오일 도포하기

고객의 측면에 서서 양 손바닥에 적당량의 오일을 덜어 양쪽 어깨에서 데콜테를 따라 Y자 형으로 쓸어내리며 가슴 주위를 돌아 어깨까지 고르게 도포한다.

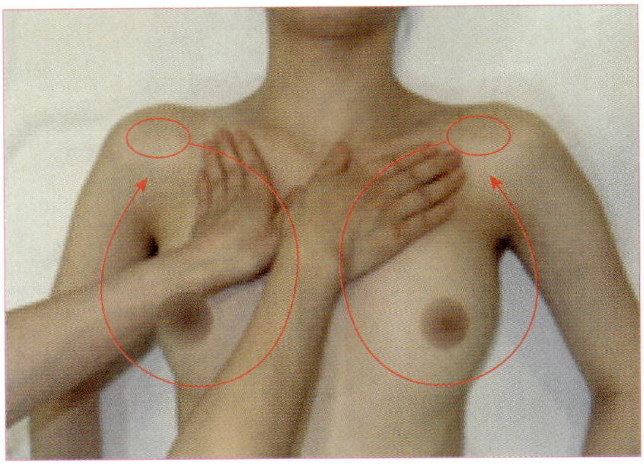

(1) 가슴 길게 쓰다듬기

양 손바닥으로 어깨를 감싸고 데콜테를 따라 Y자 형으로 쓸어내리며 가슴아래를 돌아 가슴을 위로 올려주며 8자를 그려 준다.

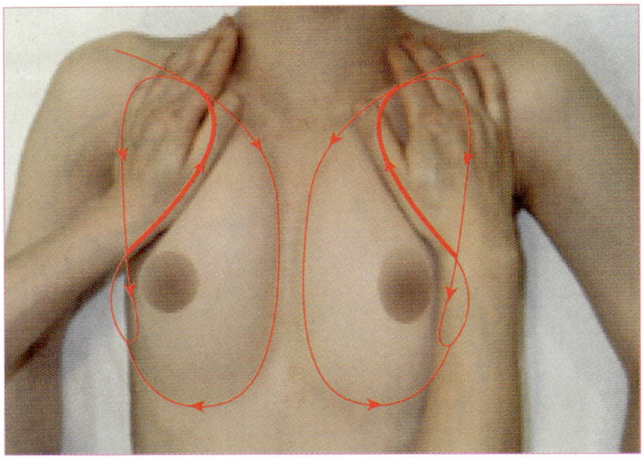

(2) 빗장뼈 아래 마찰하기

빗장뼈 아래를 4점으로 나누어 밖에서 안으로 중지를 이용하여 제자리 원 그리기 방법으로 마찰한 후에 다시 바깥쪽으로 훑어 준다.

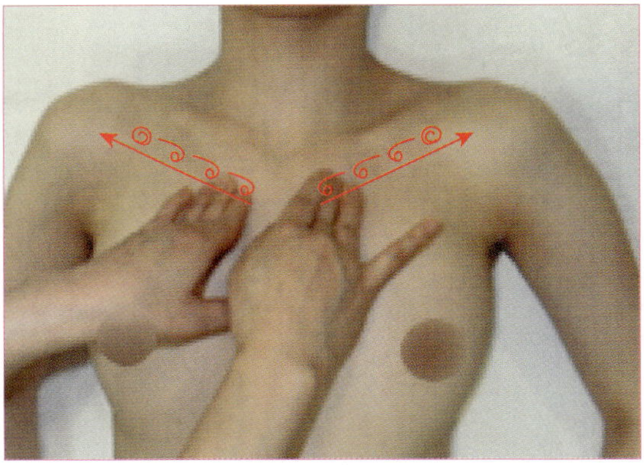

(3) 가슴 밑 쓰다듬기

가슴 바로 밑 중앙에 양 손의 엄지와 엄지 볼을 마주놓고 가볍게 수직압을 주며 바깥쪽으로 쓸어내리고 네 손가락으로 쓸어 올린다(3회 반복).

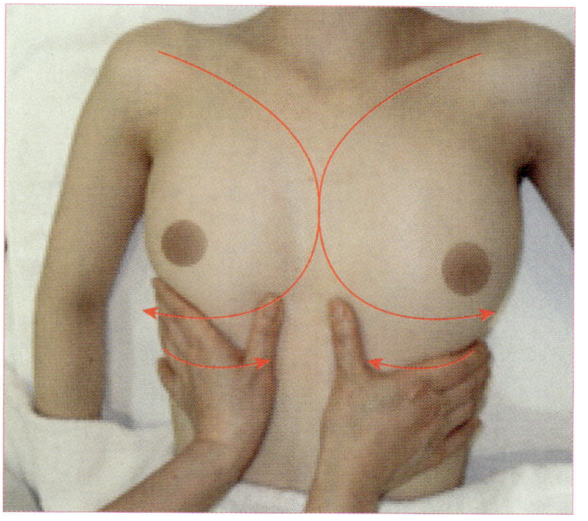

(4) 갈비뼈 사이 마찰하기

양 손 중지를 이용하여 갈비뼈 사이를 바깥방향으로 나선형으로 둥글리기 한 후에 다시 안쪽 방향으로 훑어 준다.

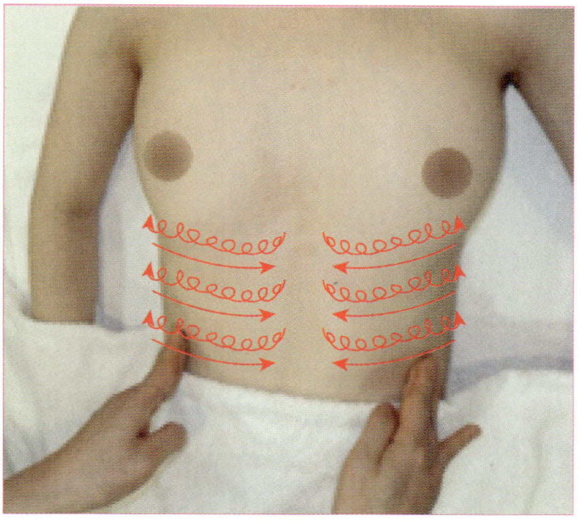

(5) 명치 부위 마찰하기

엄지를 이용하여 명치부위를 촘촘히 가지치기 방법으로 마찰한 후 하트 모양을 그려 준다.

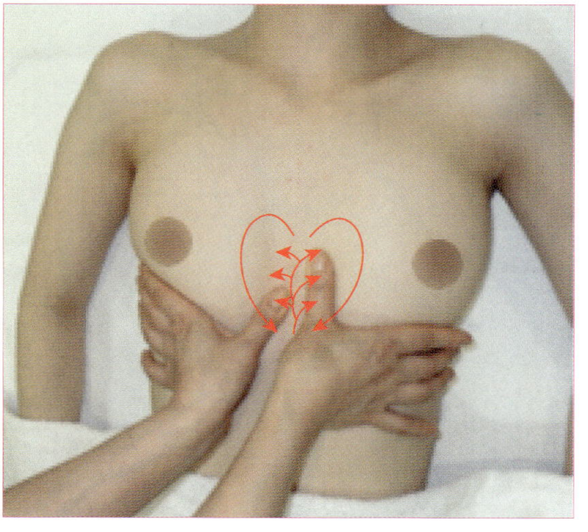

(6) 큰가슴근 쓰다듬기

명치에 있던 손을 가슴 바깥을 돌아 가슴을 모아주며 쓸어 올려 엄지볼 부위를 위주로 큰가슴근 부위를 가슴골을 만들듯이 안으로 모아주며 둥글리기 동작을 한다(제자리에서 6회).

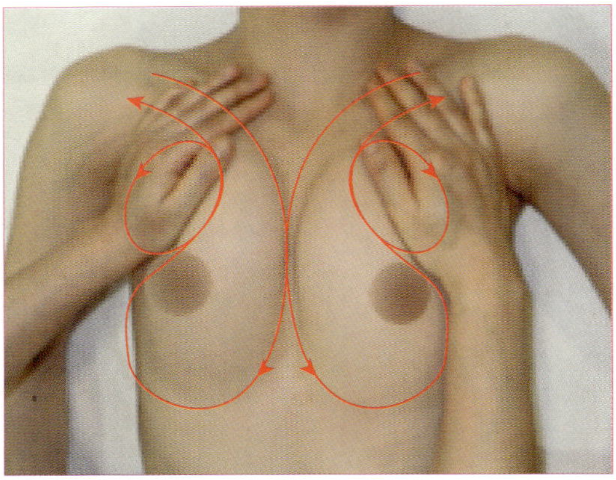

(7) 가슴 길게 쓰다듬기

양 손바닥으로 어깨를 감싸고 데콜테를 따라 Y자 형으로 쓸어내리며 가슴아래를 돌아 가슴을 위로 올려주며 8자를 그려 준다.

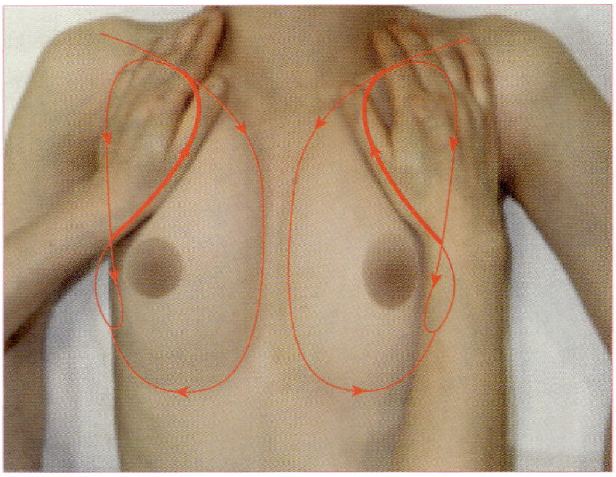

4. 가슴관리 마무리

(1) 티슈로 닦기

티슈를 펼쳐 가볍게 눌러 여분의 오일이나 잔여물을 제거해 준다.

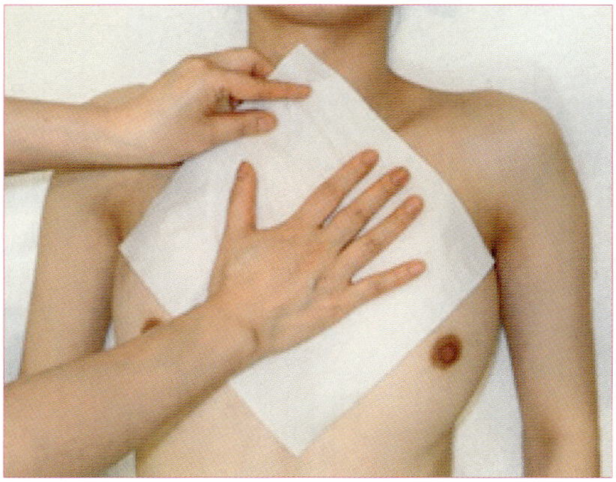

(2) 습포로 닦기

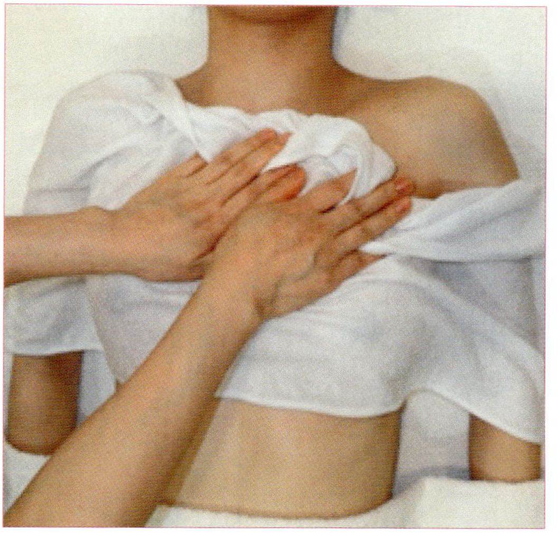

온습포로 가슴과 어깨를 감싼 후 양 손바닥으로 어깨를 감싸서 교대로 지그시 눌러 준다. 손을 합장하여 복장뼈 위를 지그시 눌러 준다.

타월의 윗부분을 중지에 끼워 어깨와 겨드랑이, 가슴, 가슴 밑을 부드럽게 닦는다.

(3) 바디 전용 토너나 로션으로 마무리

피부 타입에 맞는 토너나 가슴탄력크림을 적당량을 덜어 부드럽게 쓰다듬기 동작으로 발라 준다.

5. 복부 마사지

복부는 여러 소화계의 장기가 들어있는 배쪽 체강으로 매우 섬세하고 약한 부위이므로 너무 강한 압력을 주거나 잘못된 도구를 사용하면 갈비뼈나 장기에 위해를 주므로 주의하여야 한다. 또한 대장의 흐름 방향으로 마사지하는 것이 장 운동을 촉진하는 데 효과적이다. 그러므로 테라피스트는 고객의 오른쪽에 서서 마사지를 실시하여야 한다.

또한 복부는 피하지방층이 많은 곳이므로 지방분해크림이나 안티셀룰라이트 크림(anti–cellulite creme)등을 사용하면 효과를 상승시킬 수 있다.

1. 복부를 구성하고 있는 뼈와 근육 및 장기

(1) 복부를 구성하는 뼈

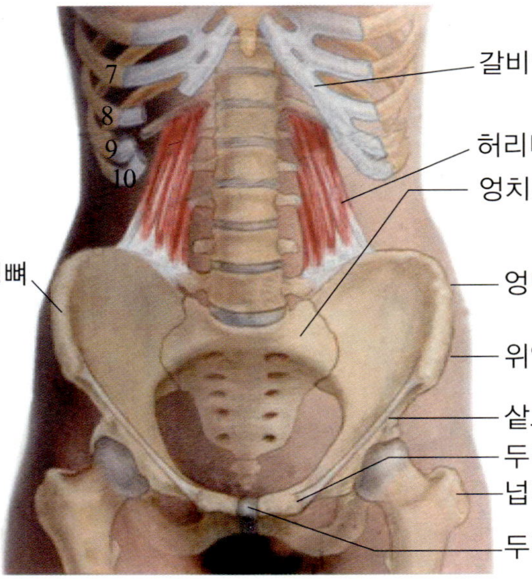

복부는 배안과 골반안의 배쪽 체강을 이루고 있으며 뒤쪽으로 척추뼈의 허리뼈와 엉치뼈, 앞쪽으로 갈비뼈의 아래쪽과 골반뼈의 윗부분으로 구성된다.

(2) 복부를 구성하는 근육

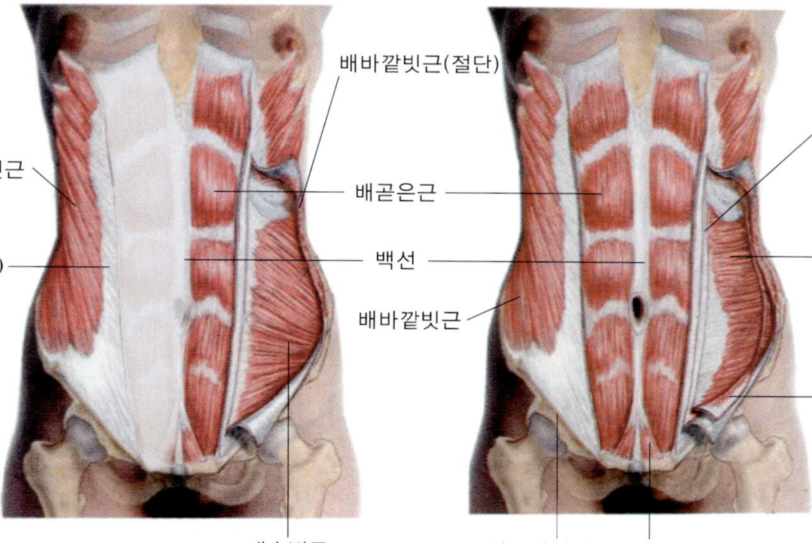

① 배곧은근 (복직근, Rectus abdominis)

- 이는 곳 : 두덩결합과 두덩뼈능선
- 닿는 곳 : 5, 6, 7번 갈비뼈의 갈비연골, 칼돌기
- 작 용 : 몸통 굽히기, 뱃속의 장기가 압박되지 않도록 보호

② 배바깥빗근 (외복사근, Obliquus externus abdominis)

- 이는 곳 : 5~12번 갈비뼈
- 닿는 곳 : 백선, 두덩뼈, 앞엉덩뼈능선
- 작 용 : 뱃속의 장기 압박, 몸통을 굽히기, 가쪽으로 굽히기, 반대쪽으로 돌리기

③ 배속빗근 (내복사근, Obliquus internus abdominis)

- 이는 곳 : 샅고랑인대, 앞엉덩뼈능선, 등허리힘줄막
- 닿는 곳 : 아래쪽 9~12번 갈비뼈의 갈비연골, 배힘줄막과 백색선
- 작 용 : 뱃속의 장기 압박, 몸통을 굽히기, 가쪽으로 굽히기, 같은 쪽으로 돌리기

④ 배가로근 (복횡근, Transverse abdominis)

- 이는 곳 : 샅고랑인대, 엉덩뼈능선, 7~12번 갈비뼈 연골 안쪽면, 등허리널힘줄
- 닿는 곳 : 두덩뼈, 배널힘줄과 백색선
- 작 용 : 뱃속 장기 압박

(3) 복부의 소화 장기의 위치

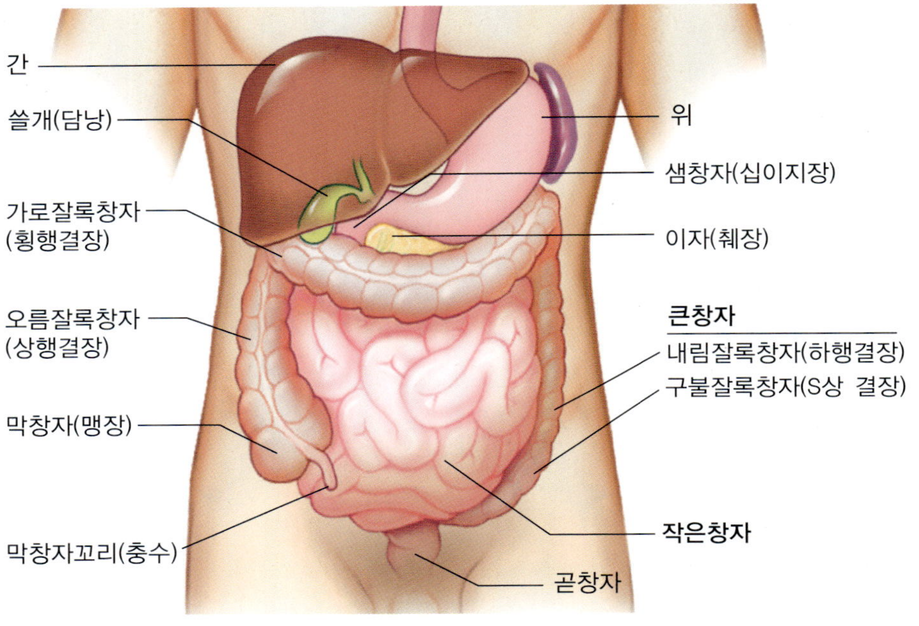

2. 복부 마사지 전 준비

(1) 타월 드레이핑

- 고객이 편안하게 안정될 수 있도록 작은 타월을 이용하여 눈을 가려 준다.
- 관리를 받지 않는 부위는 타월로 감싸 체온을 유지한다.

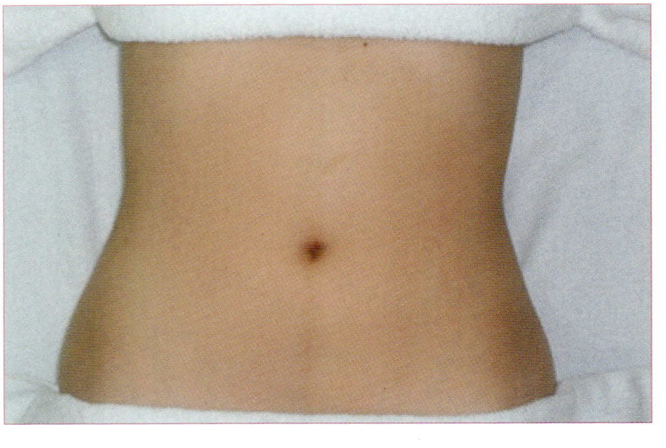

(2) 클렌징

젖은 해면이나 솜에 적당량의 클렌저를 묻혀 복부를 닦는다(또는 온습포를 이용하여 닦는다).

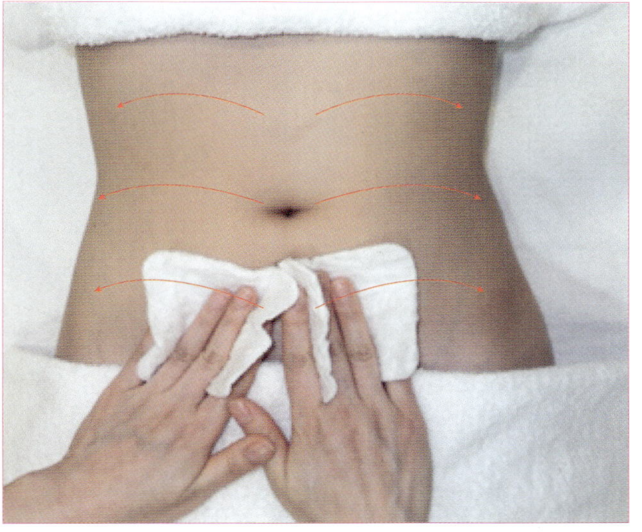

3. 복부 마사지 동작

도포동작

- 양 손바닥을 이용하여 복부를 두 세 부위로 나누어 가볍게 나비가 날 듯 오일을 나눠 준다.
- 손을 바깥방향으로 둥글리듯이 도포한다.

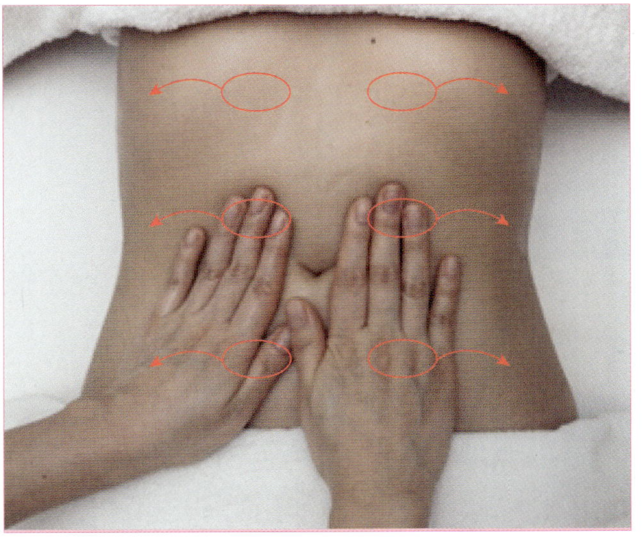

(1) 쓰다듬기

양 손바닥으로 두덩뼈 결합 위의 복부 중앙 아래에서 시작하여 명치 부위까지 압을 주어 쓸어 올라가서 엄지와 네 손가락으로 양쪽 갈비뼈를 감싸고 내려와서 허리 뒤쪽으로 돌아 허리선을 잡아 배꼽 방향으로 힘있게 쓸어 올린다(3회 반복).

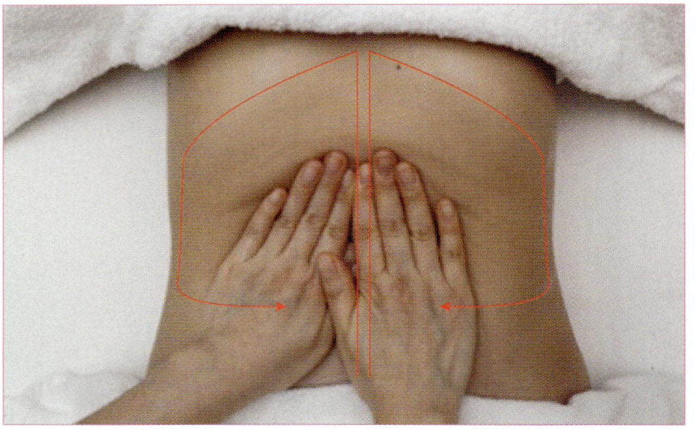

(2) 시계 방향으로 원 그리기

복부 중앙을 양 손바닥을 교차시키며 시계 방향으로 원을 그리면서 쓰다듬는다(6회 반복).

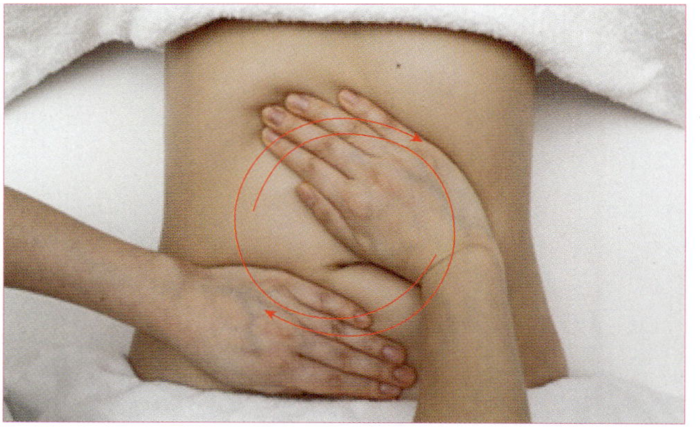

(3) 배꼽 주위 마찰하기

두 손의 네 손가락을 겹쳐서 배꼽 주위를 8부위로 나누어 수영방향으로 제자리 원 그리기 방법으로 마찰한다.

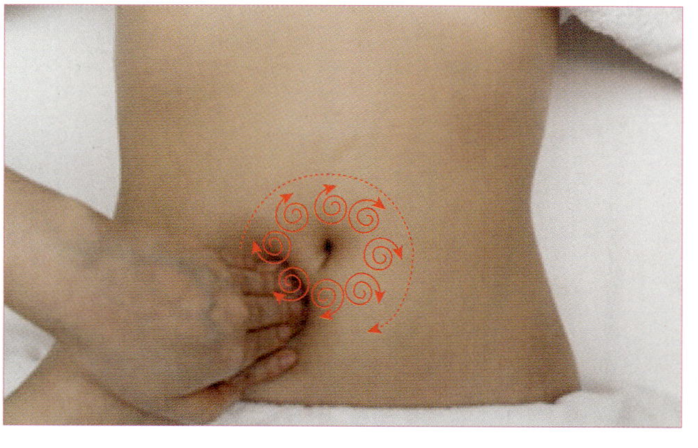

(4) 사선으로 눌러주기

한 손은 갈비뼈의 아래쪽, 다른 손은 두덩뼈의 아래에 서로 대각선으로 놓고 복강 내의 장기를 가볍게 밀어 주고 당겨 준다.

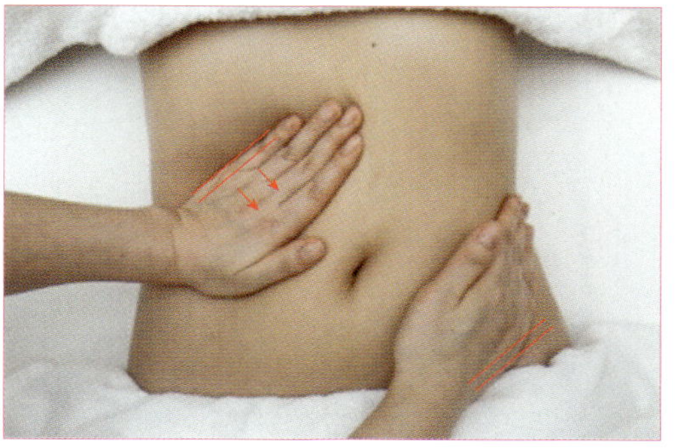

반대편으로 손을 옮겨서 같은 동작을 한다.

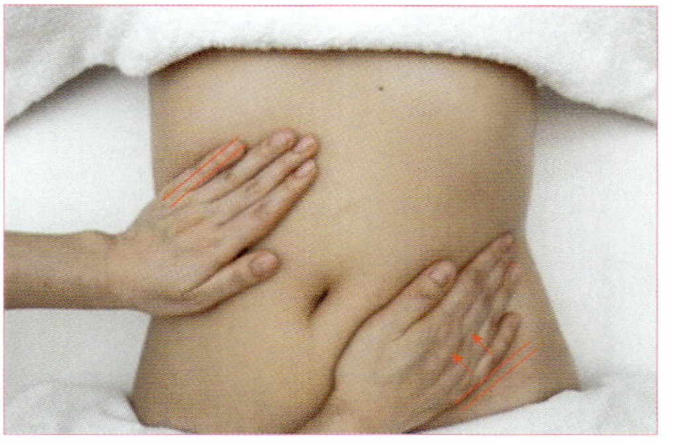

(5) 대각선으로 마찰하기

양 손 엄지를 이용하여 복부의 우측 아래에서 시작하여 왼쪽 갈비뼈 아래까지 가지치기하여 올라간 후에 두 손의 네 손가락을 모아 오른쪽 갈비뼈 아래로 밀고 와서 왼쪽 아래로 가지치기 방법으로 마찰한다.

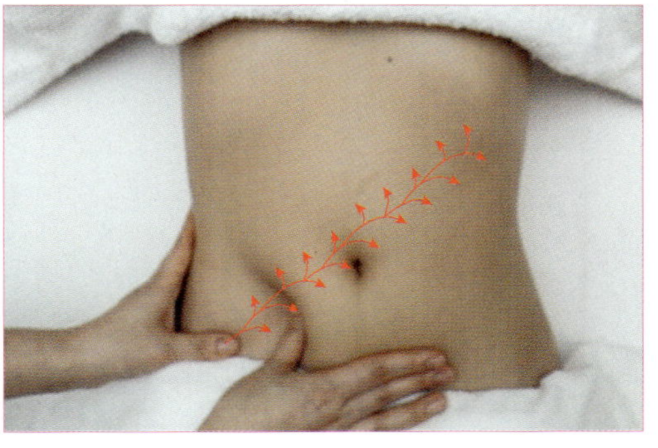

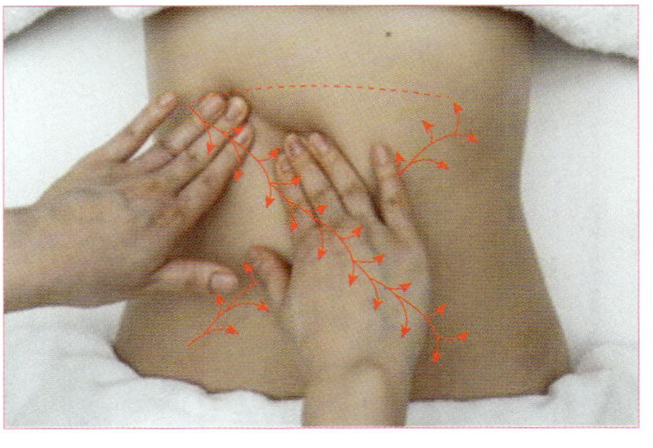

(6) 시계 방향 쓰다듬기

복부 중앙을 양 손바닥을 교차시키며 시계 방향으로 원을 그리면서 쓰다듬는다(6회 반복).

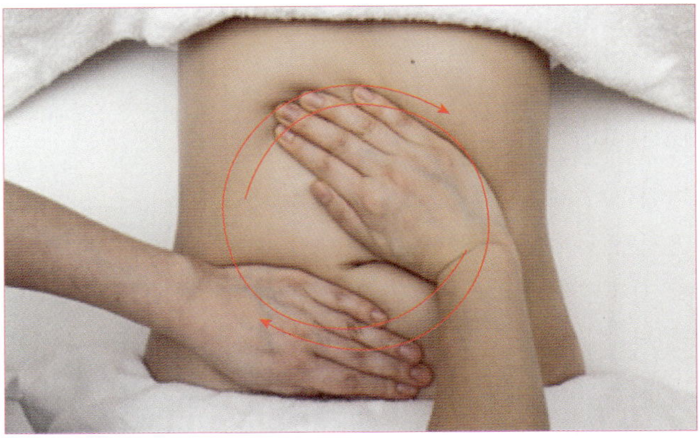

(7) 배곧은근 반죽하기

배곧은근 부위를 오른쪽 아래에서 시작하여 장의 흐름 방향으로 양 손의 엄지와 네 손가락을 서로 교차시키며 반죽하듯이 주물러 준다(3회 반복).

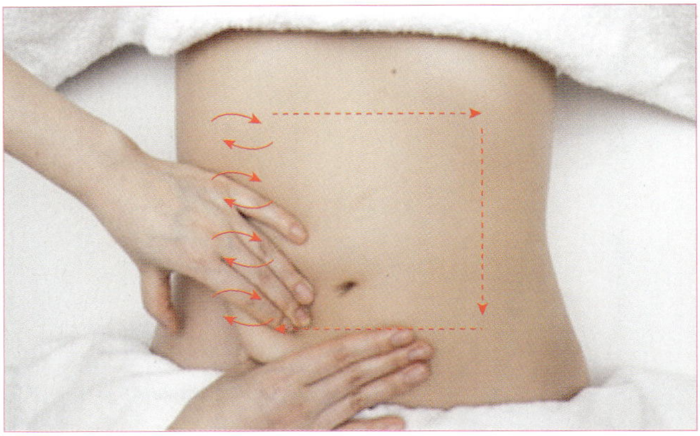

(8) 허리 바이브레이션

양 팔을 엇갈려서 허리선을 잡고 허리 뒤쪽에서 앞으로 떨어준 후에 툭 떨어 준다(3회 반복).

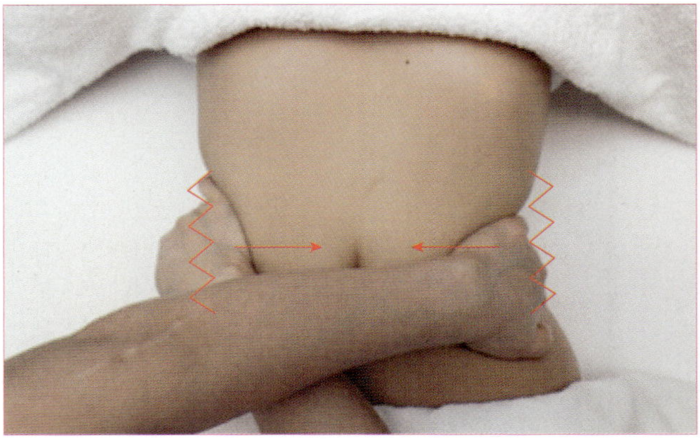

(9) 쓰다듬기

양 손바닥으로 두덩뼈 결합 위의 복부 중앙 아래에서 시작하여 명치 부위까지 압을 주어 쓸어 올라가서 엄지와 네 손가락으로 양쪽 갈비뼈를 감싸고 내려와 허리 뒤쪽으로 돌아 허리선을 잡아 배꼽 방향으로 힘있게 쓸어 올린다(3회 반복).

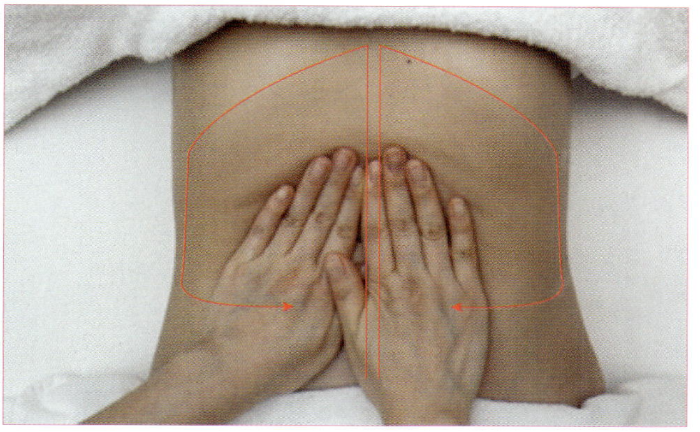

4. 복부관리의 마무리

(1) 티슈로 닦기

한 장의 티슈를 넓게 펼쳐서 잔여물을 눌러서 닦는다.

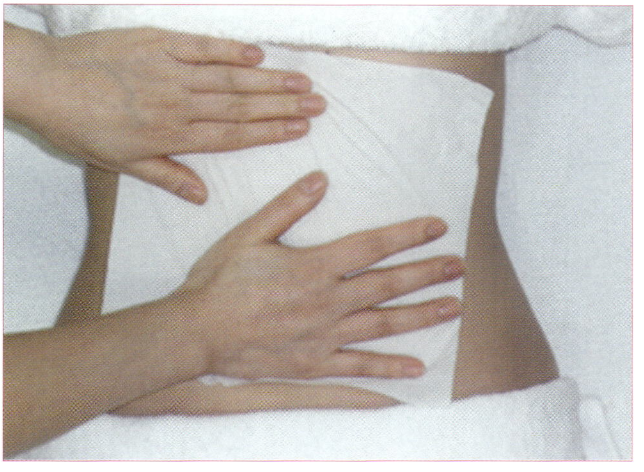

(2) 온습포로 닦기

- 온습포로 복부 전체를 감싼 후 배꼽 부위에 양 손바닥을 교차하여 겹쳐서 손바닥으로 압을 준다.
- 타월을 손가락에 끼워 바깥 방향으로, 안쪽 방향으로 닦은 후 반으로 접어 손바닥을 감싸서 잘 닦이지 않은 부분을 닦아 준다.

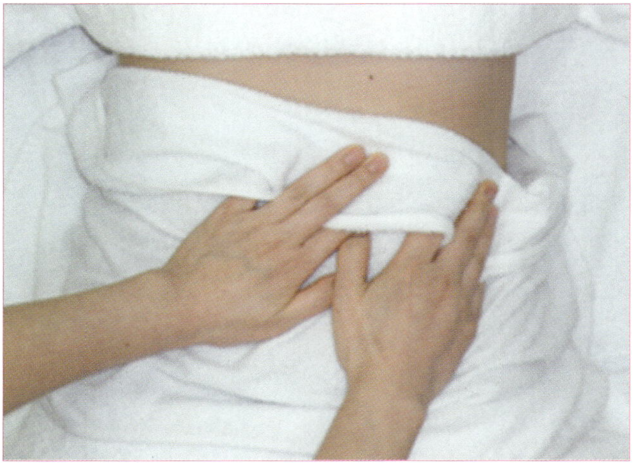

(3) 바디 토너 또는 로션 바르기

피부 타입에 맞는 토너나 바디 로션을 적당량을 덜어 부드럽게 쓰다듬기 동작으로 발라 준다.

6. 다리 마사지

직립 보행을 하는 사람의 다리와 발은 신체의 아래쪽에 위치하여 전체 체중을 지탱하고 있기 때문에 압력에 의한 문제와 혈액 및 림프순환의 문제 등을 가지고 있다. 또한 발은 인체의 각 부분과 장기를 반사하는 곳으로서 다리와 발에 대한 마사지는 근육의 피로회복 및 신체 각 기관의 기능을 정상적으로 회복시켜 주며 순환의 문제를 돕고 예방하는 건강 관리적 측면에서도 매우 유용하다.

1. 다리를 구성하는 뼈와 근육

(1) 다리의 뼈

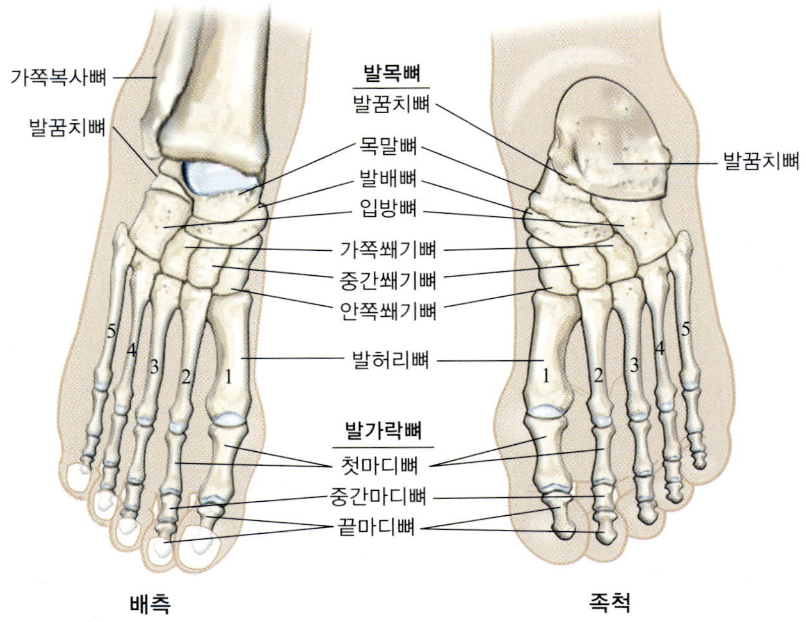

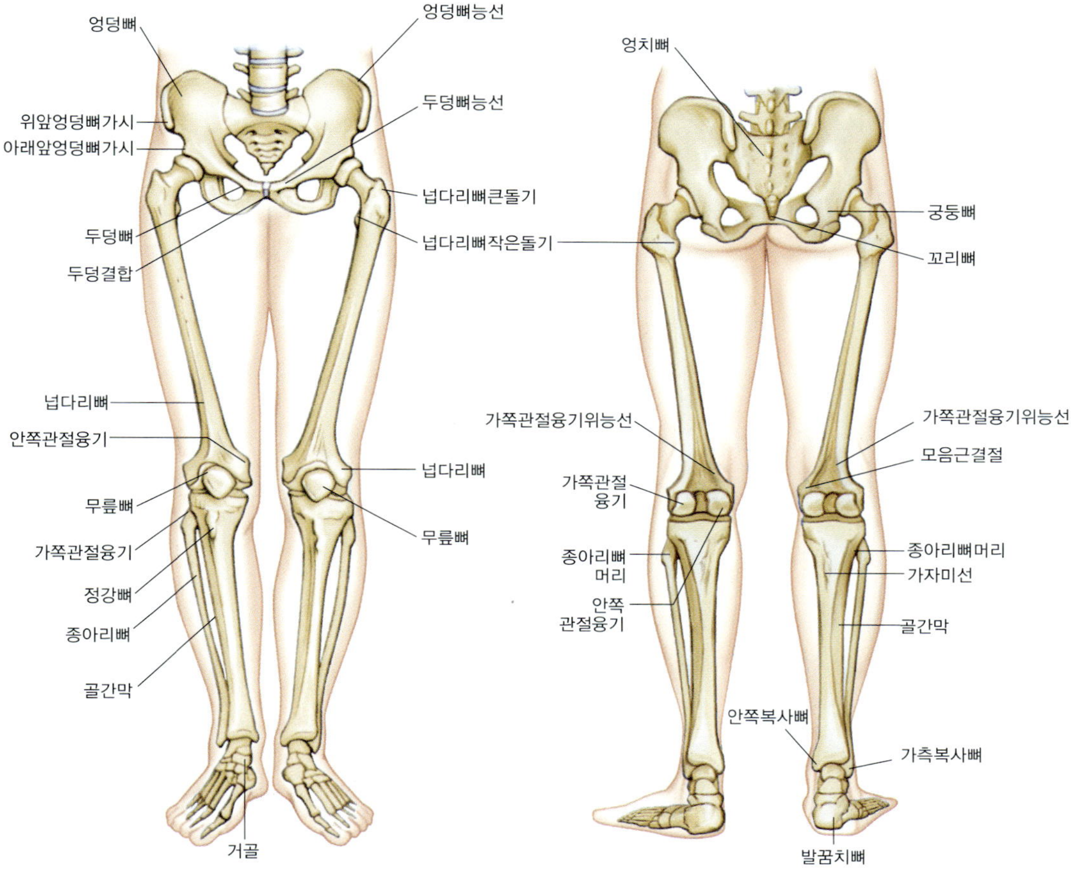

① 넙다리뼈 (대퇴골, Femur) : 인체에서 가장 길고 강한 뼈이며, 골반뼈의 몸쪽 끝과 연결되고 정강뼈의 먼쪽 끝과 연결되어 있다.

② 무릎뼈 (슬개골, Patella) : 무릎관절 중앙에 있는 삼각형 모양의 뼈

③ 정강이뼈 (경골, Tibia) : 정강이 중앙의 큰 뼈. 다리무게의 주요부분을 차지한다.

④ 종아리뼈 (비골, Fibula) : 정강이뼈보다 작으며 가쪽 정강뼈와 평행하다.

⑤ 발목뼈 (족근골, Tarsals) : 발목을 구성하는 7개의 뼈

⑥ 발허리뼈 (중족골, Metatarsals) : 발등을 이루는 뼈

⑦ 발가락뼈 (지절골, Phalanges) : 발가락을 이루는 14개의 작은 뼈

(2) 다리의 근육

다리 앞면의 근육

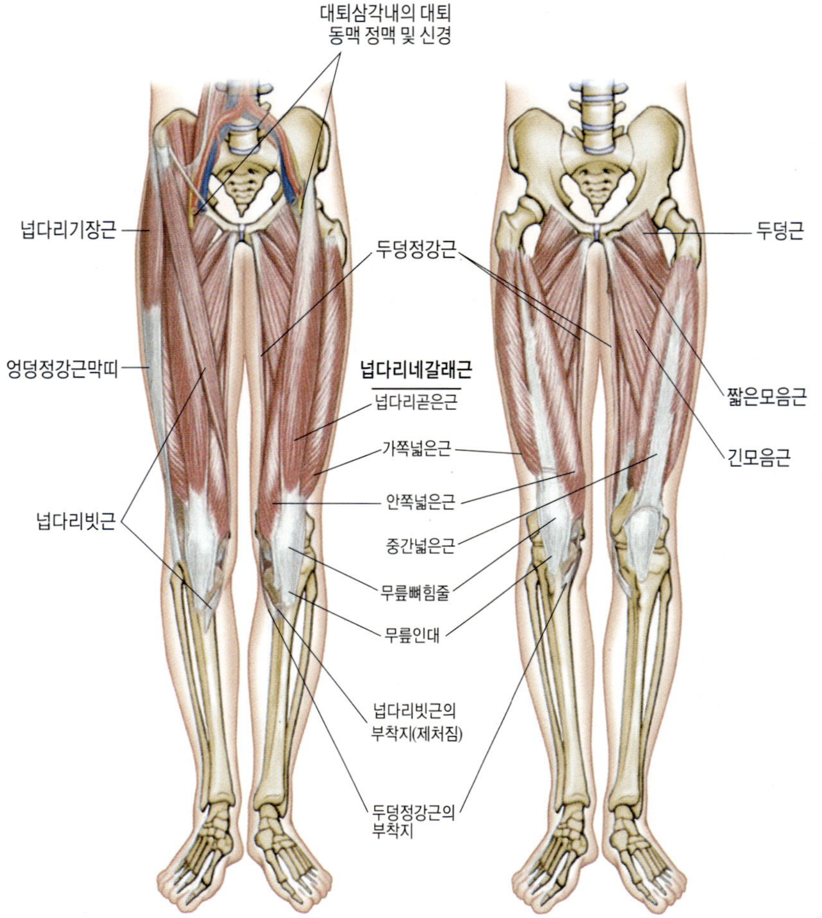

① 넙다리곧은근 (대퇴직근, Rectus femoris)

- 이는 곳 : 아래앞엉덩뼈가시, 볼기뼈절구 위가장자리의 엉덩뼈
- 닿는 곳 : 무릎뼈, 무릎인대를 거쳐 정강뼈거친면
- 작 용 : 무릎펴기

② 넙다리빗근 (봉공근, Satorius)

- 이는 곳 : 위앞엉덩뼈가시
- 닿는 곳 : 정강뼈위안쪽몸통
- 작 용 : 넙다리뼈의 굽힘, 벌림, 가쪽돌림 보조

③ 안쪽넓은근 (내측광근, Vastus medialis)

④ 가쪽넓은근 (외측광근, Vastus lateralis)

⑤ 중간넓은근 (중간광근, Vastus intermedius)

- 이는 곳 : 안쪽넓은근 – 뒤쪽넙다리뼈거친선
  가쪽넓은근 – 뒤쪽너다리뼈거친선, 넙다리뼈큰돌기
  중간넓은근 – 넙다리뼈 앞쪽과 가쪽
- 닿는 곳 : 무릎뼈, 무릎뼈인대를 거쳐 정강뼈거친면
- 작 용 : 무릎펴기

⑥ 두덩정강근 (박근, Gracilis)

- 이는 곳 : 앞쪽두덩뼈 아래가지
- 닿는 곳 : 몸통 정강뼈 안쪽
- 작 용 : 엉덩관절에서 넙다리뼈 모으기

⑦ 큰모음근 (대내전근, Adductor magnus)

- 이는 곳 : 앞쪽갈래–두덩뼈아래가지
  뒤쪽갈래– 궁둥뼈결절과 궁둥뼈가지
- 닿는 곳 : 앞쪽갈래– 넙다리뼈거친선
  뒤쪽갈래– 넙다리뼈모음근결절
- 작 용 : 엉덩관절에서 넙다리뼈 모으기
  앞쪽갈래– 넙다리뼈 안쪽돌리기와 굽히기
  뒤쪽갈래– 넙다리뼈 가쪽돌리기와 펴기

⑧ 긴모음근 (장내전근, Adductor longus)
짧은모음근 (단내전근, Adductor brevis)

- 이는 곳 : 두덩뼈 앞쪽
- 닿는 곳 : 넙다리뼈뒤쪽거친선
- 작 용 : 엉덩관절에서 넙다리뼈모으기, 굽히기 보조

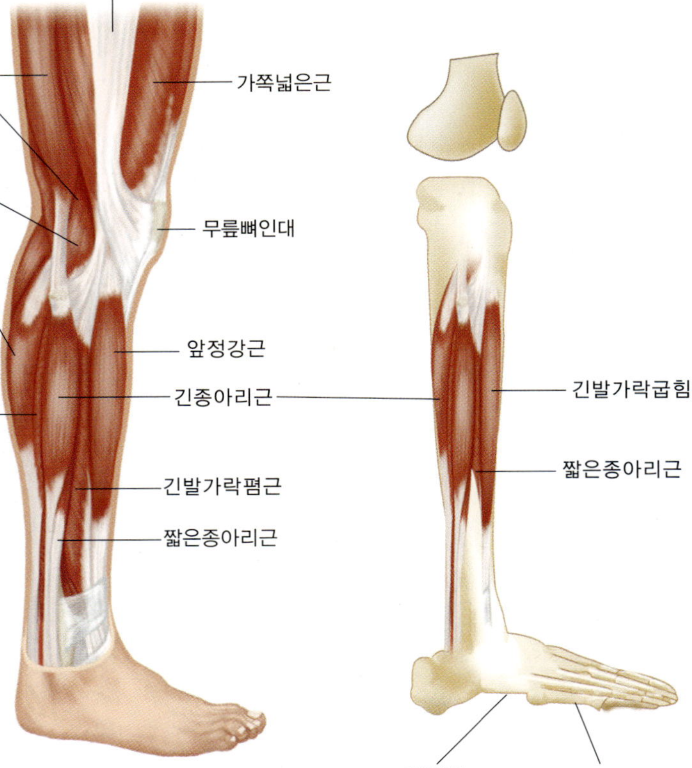

앞정강근 (전경골근, Tibilis anterior)

- 이는 곳 : 정강뼈가쪽관절융기와 가쪽 몸통, 뼈사이막
- 닿는 곳 : 첫번째 발허리뼈바닥의 발바닥면, 첫번째쐐기뼈 발바닥면
- 작 용 : 발목의 발등쪽 굽히기, 발의 안쪽 번짐

다리 뒷면의 근육

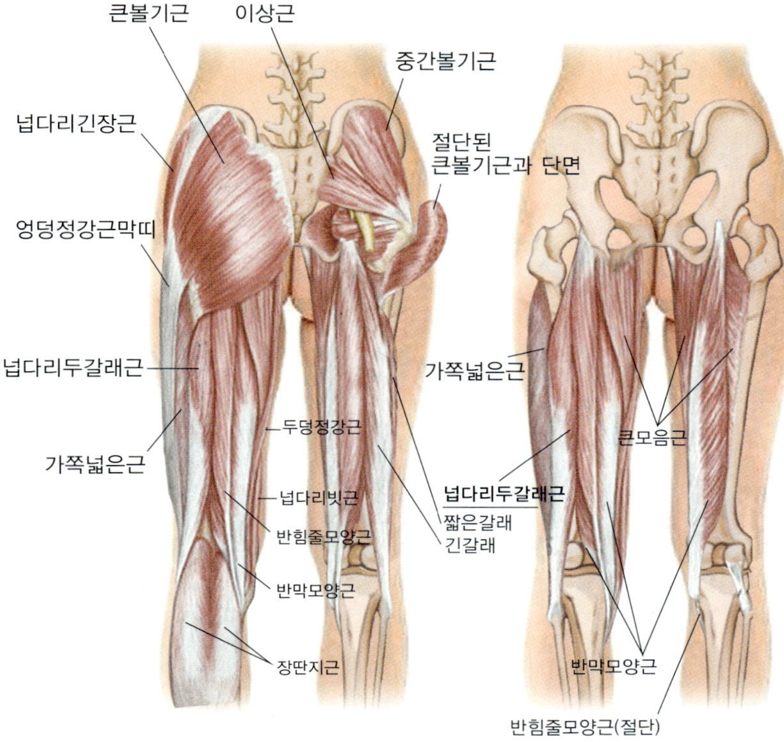

① 큰볼기근 (대둔근, Gluteus maximus)

- 이는 곳 : 엉치뼈뒤쪽, 엉덩뼈, 엉덩뼈볼기선 위
- 닿는 곳 : 넙다리뼈 볼기거친면, 엉덩정강근막띠
- 작 용 : 엉덩관절에서 넙다리뼈 펴기, 펴진 엉덩관절 가쪽돌리기

② 중간볼기근 (중둔근, Gluteus medius)

- 이는 곳 : 엉덩뼈능선, 위볼기근선과 중간볼기근선 사이의 엉덩뼈
- 닿는 곳 : 넙다리뼈큰돌기
- 작 용 : 넙다리뼈 벌리기와 안쪽으로 돌리기

③ 넙다리두갈래근 (대퇴이두근, Biceps femoris)

- 이는 곳 : 긴갈래–궁둥뼈결절
  짧은갈래– 궁둥뼈거친선
- 닿는 곳 : 종아리뼈머리
- 작 용 : 무릎굽히기, 굽힌 무릎 가쪽으로 돌리기

④ 반막모양근 (반막양근, Semimembranosus)
반힘줄모양근 (반건양근, Semitendinosus)

- 이는 곳 : 궁둥뼈결절
  반막모양근 – 정강뼈뒤안쪽관절융기
- 닿는 곳 : 반힘줄모양근 – 정강뼈앞몸쪽몸통
- 작 용 : 무릎굽히기, 무릎을 반쯤 굽힐 때 종아리를 안쪽으로 돌림

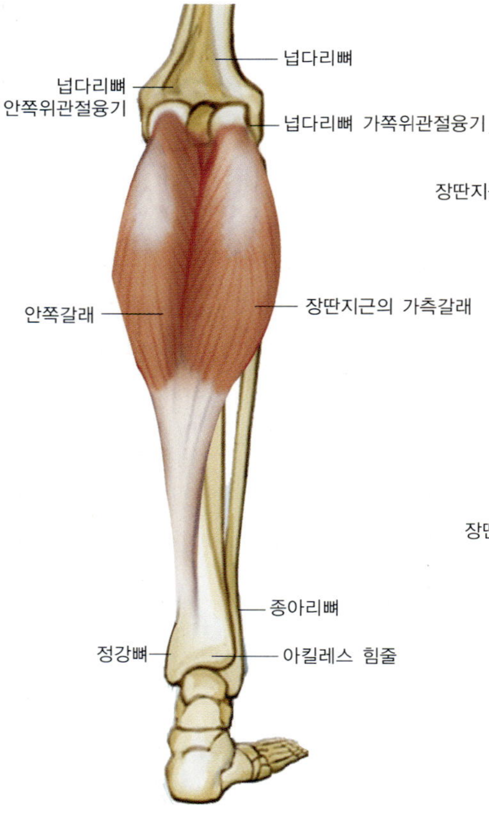

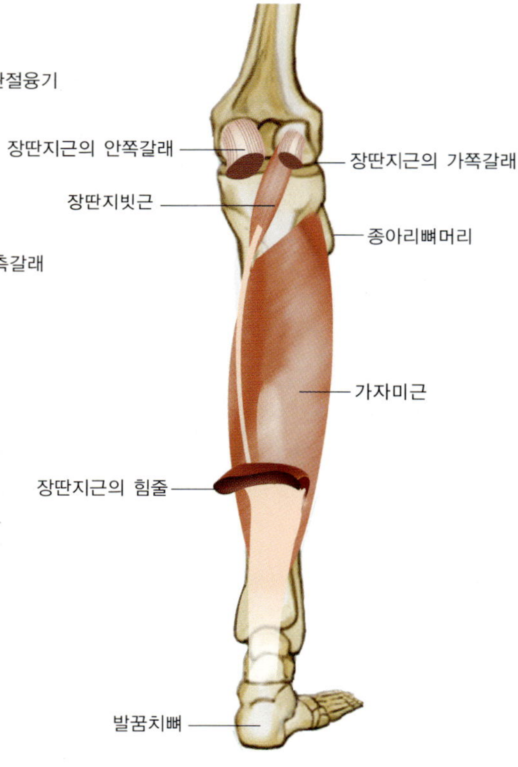

① 장딴지근 (비복근, Gastrocnemius)

- 이는 곳 : 안쪽갈래– 넙다리뼈 안쪽위관절융기
  가쪽갈래– 넙다리뼈 가쪽위관절융기
- 닿는 곳 : 아킬레스 힘줄을 거쳐 발꿈치뼈
- 작 용 : 발목 바닥 쪽 굽히기, 무릎 굽히기 보조

② 가자미근 (Soleus)

- 이는 곳 : 정강뼈 가자미근선, 종아리뼈 뒤쪽갈래와 위쪽 몸통
- 닿는 곳 : 아킬레스 힘줄을 거쳐 발꿈치뼈
- 작 용 : 발목 바닥 쪽 굽히기

발의 근육

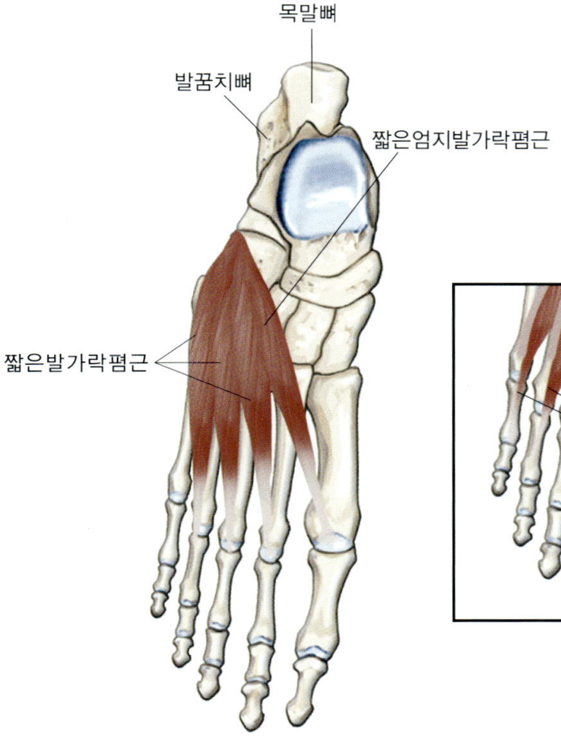

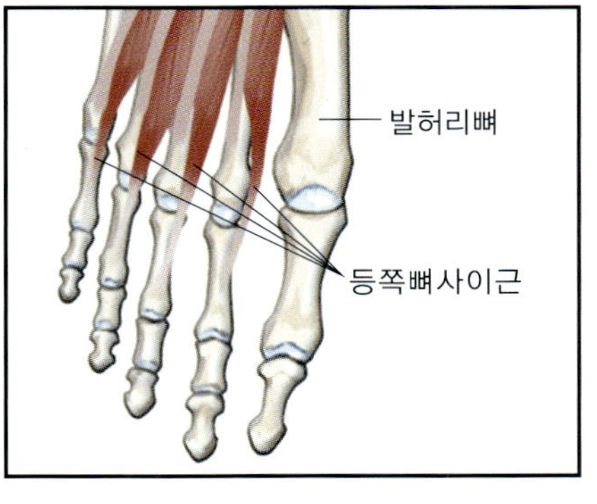

① 짧은발가락폄근 (단지신근, Extensor digitorum brevis)
짧은엄지발가락폄근 (단무지신근, Extensor hallucis)

- 작 용 : 발허리발가락관절에서 안쪽발가락을 펴는 것을 돕는다.

② 등쪽뼈사이근 (배측골간근, Dorsal interrossei)

- 작 용 : 2 · 3 · 4번째 발가락 벌리기, 2번째 발가락 모으기

2. 발과 다리 전면 마사지

(1) 마사지 전 준비

① 타월 드레이핑

- 고객이 편안하게 안정될 수 있도록 작은 타월을 이용하여 눈을 가려 준다.
- 관리를 받지 않는 부위는 타월로 감싸 체온을 유지한다.

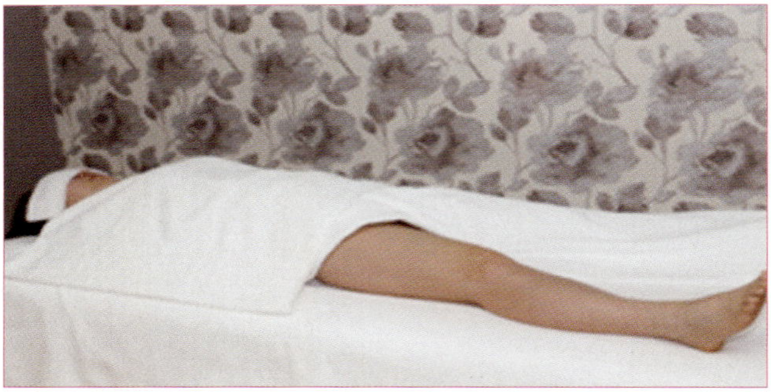

② 클렌징

- 젖은 해면이나 솜에 적당량의 클렌저를 묻혀 다리 전체와 발을 닦는다(또는 온습포를 이용하여 닦는다).
- 알코올 솜이나 소독제를 이용하여 발을 꼼꼼히 닦는다.

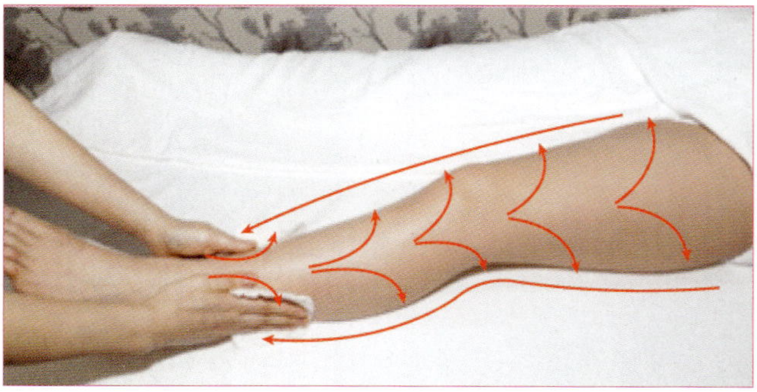

(2) 마사지 동작

오일 나눠주기

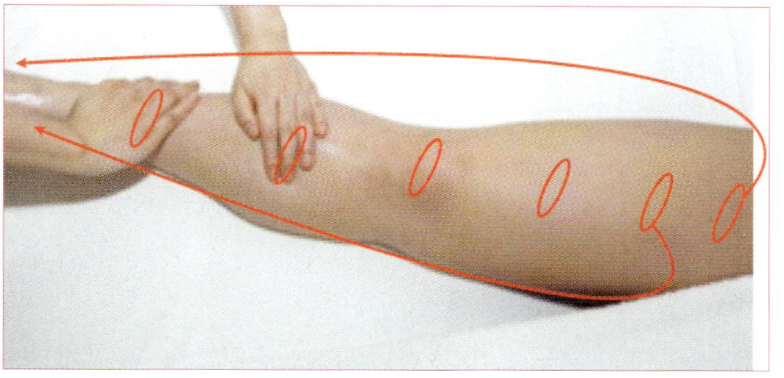

적당량의 오일을 양 손바닥에 골고루 묻힌 후 발등부터 바깥쪽 손부터 서혜부 방향으로 바깥 손이 끝에 오도록 고양이 걸음을 걷듯 가볍게 오일을 나누어 준다.

도포하기

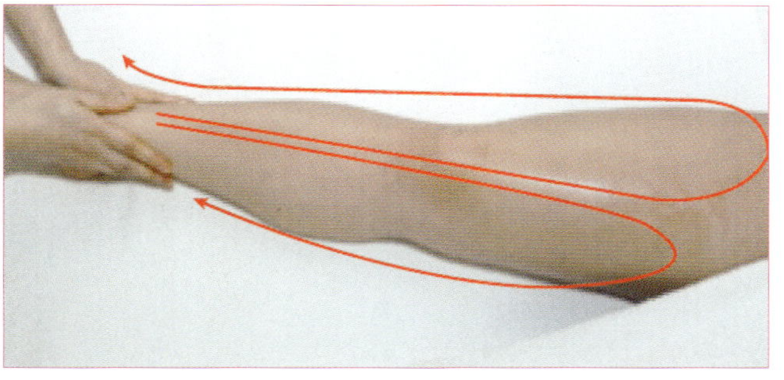

- 서혜부에 있는 양 손바닥으로 다리 전체를 쓰다듬어 내리며 오일을 도포해 준다.
- 발에도 고르게 도포해 준다.

① 다리 두 손으로 쓰다듬기

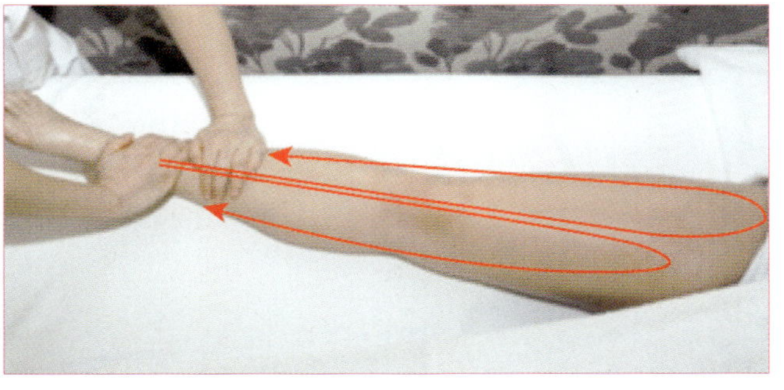

양 손바닥을 바깥 손이 위로 가게 교차하여 놓고 체중을 실어 대퇴부까지 올라가서 바깥쪽 후면을 쓰다듬어 내려 2 · 3 · 4지가 장딴지근을 쓰다듬어 내려온다(3회 반복).

② 안에서 밖으로 쓰다듬기

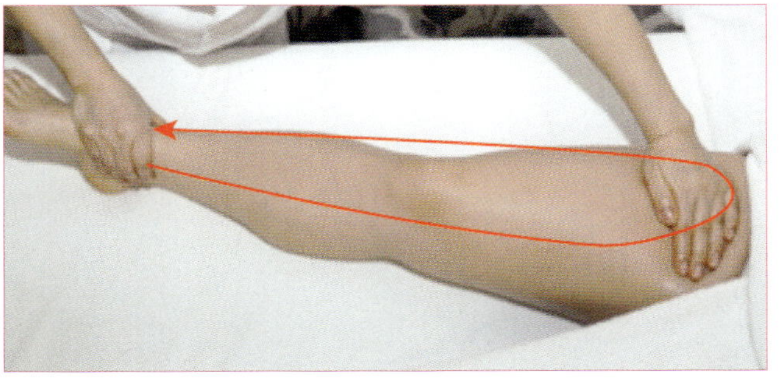

안쪽 손으로 발목을 잡고 바깥 손을 이용하여 안쪽으로 쓰다듬어 올라간 다음에 바깥쪽으로 쓰다듬어 내린다.

③ 밖에서 안으로 쓰다듬기

바깥쪽 손으로 발목을 잡고 바깥 손을 이용하여 안쪽으로 쓰다듬어 올라간 다음에 안쪽으로 쓰다듬어 내린다(②, ③번을 교대로 반복 3회).

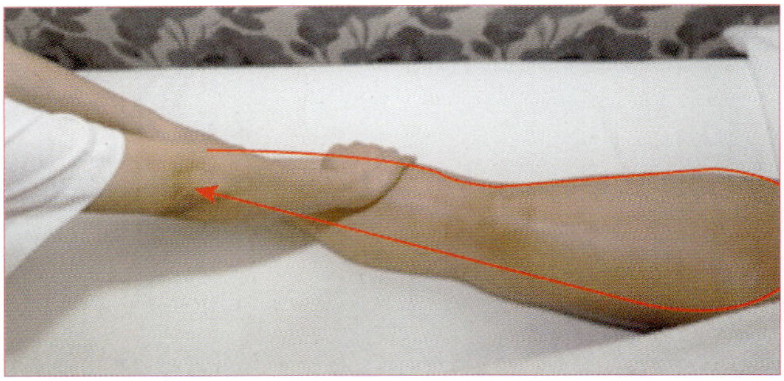

④ 손 엇갈려 발 길게 쓰다듬기

한 손은 발가락 등, 다른 손은 발뒤꿈치에 대고 발등을 쓸어 내리는 손에 압을 주어 엇갈려서 반대 방향으로 쓰다듬는다(6회 반복).

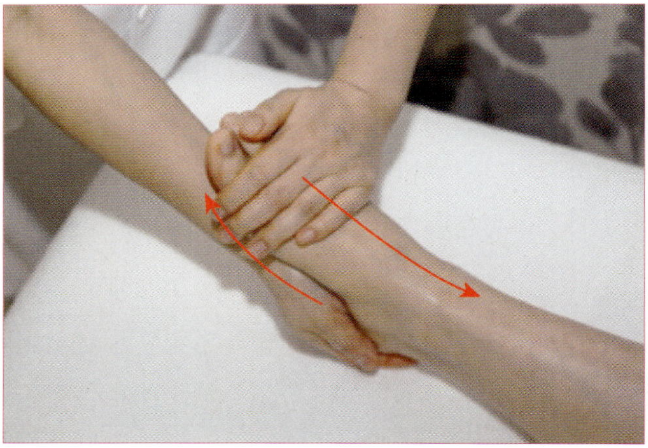

⑤ 복사뼈 문지르기

양 손의 엄지 볼을 이용하여 안쪽과 바깥쪽 복사뼈를 감싸며 주위를 수영 방향으로 둥글려 준다(6회 반복).

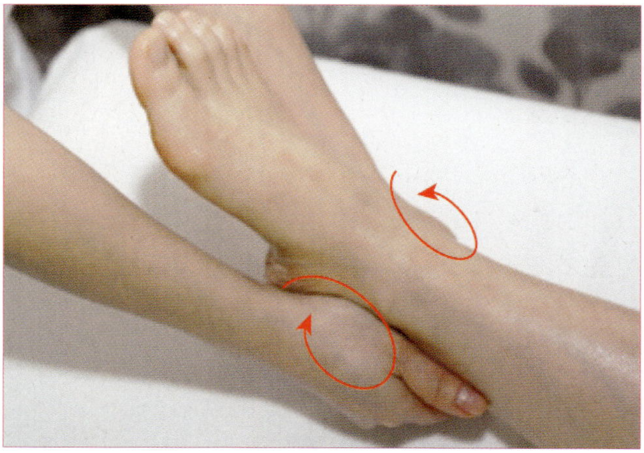

⑥ 발가락 마찰하기

안쪽 손으로 발을 감싸 잡고 다른 손의 엄지로 새끼발가락부터 발가락 등을 둥글리며 올라갔다가 쓸어 내려온다(3회 반복 후 발톱 뿌리 부분을 눌러 준 다음에 가볍게 튕겨 준다).

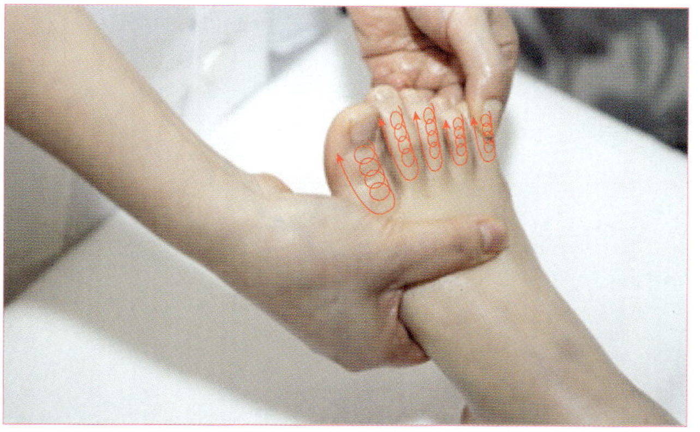

⑦ 발허리뼈 사이 마찰하기

한 손은 발의 중간 부위를 감싸 잡고 4 · 5번째 발허리뼈 사이부터 엄지의 측면을 이용하여 둥글려 올라가서 쓸어 내려온다(3회 반복 후에 다음 뼈 사이로 진행).

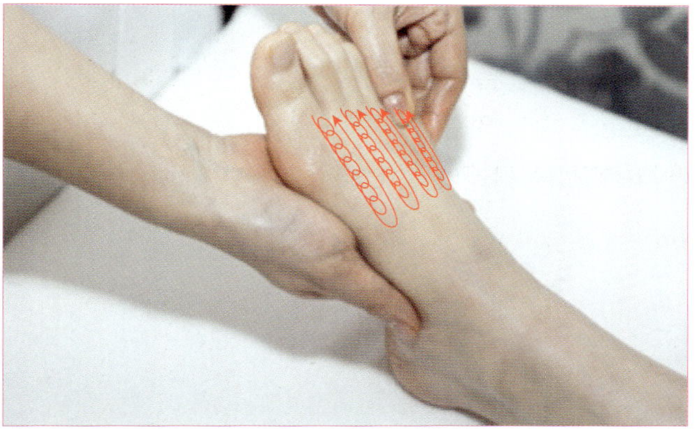

⑧ 발허리뼈 서로 엇갈리며 이동하기

양 손의 2 · 3 · 4지로 4 · 5번째부터 발허리뼈 아래를 잡아 주고 양엄지로 각각 4 · 5번째 발허리뼈를 잡고 위아래로 서로 엇갈려 준다(왕복 1회).

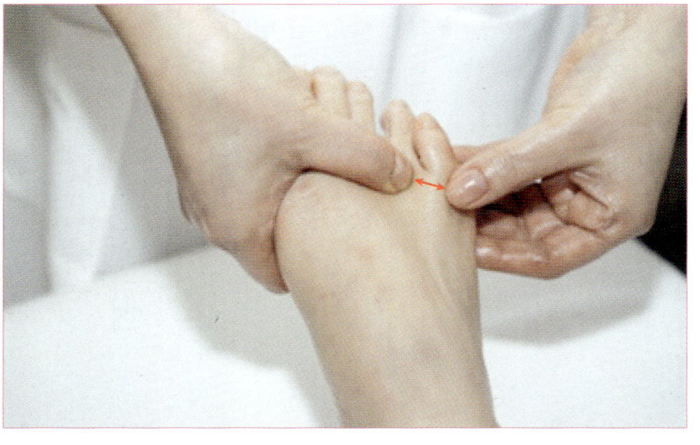

⑨ 발등 쓰다듬기

양 손의 엄지와 엄지 볼을 이용하여 발등을 쓸어 올린 후 바깥 방향으로 둥글리듯 압을 주어 발등을 쓰다듬는다(6회 반복).

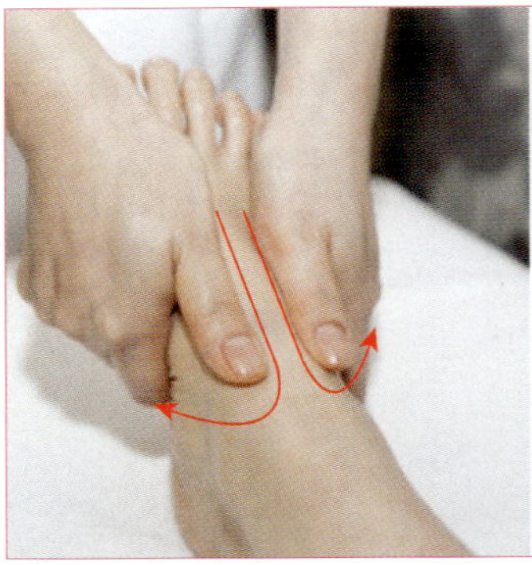

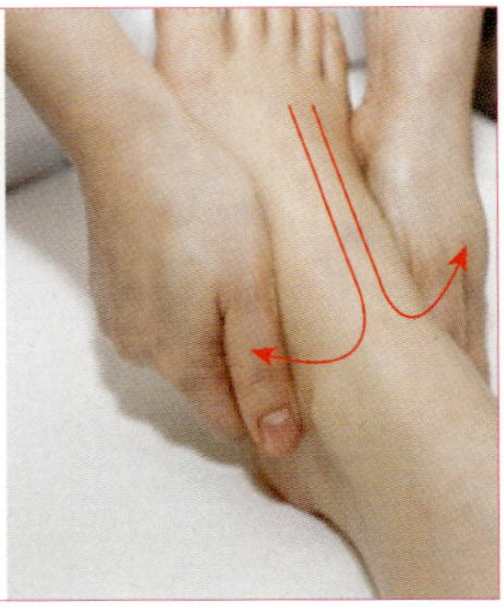

⑩ 발 가쪽 근육 마찰하기

바깥쪽 손의 엄지와 2 · 3 · 4지를 이용하여 발 가쪽 근육을 발뒤꿈치까지 집어 주듯이 둥글려 준 다음에 그대로 압을 주어 발가락 쪽으로 쓸어 준다.

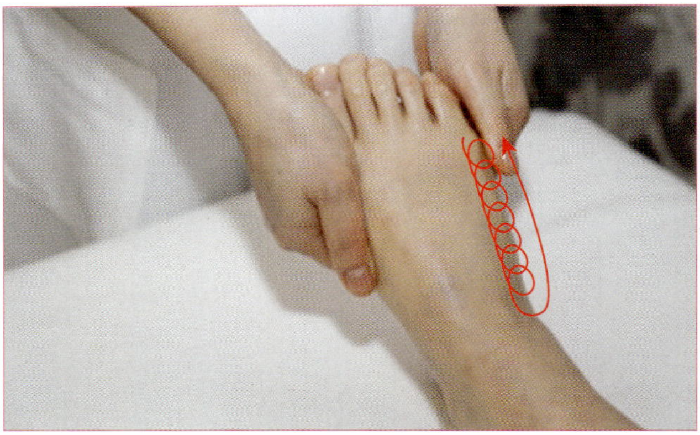

⑩ 발 안쪽 근육 마찰하기

안쪽 손의 엄지와 2 · 3 · 4지를 이용하여 발 안쪽 근육을 발뒤꿈치까지 집어 주듯이 둥글려 준 다음에 그대로 압을 주어 발가락 쪽으로 쓸어 준다.

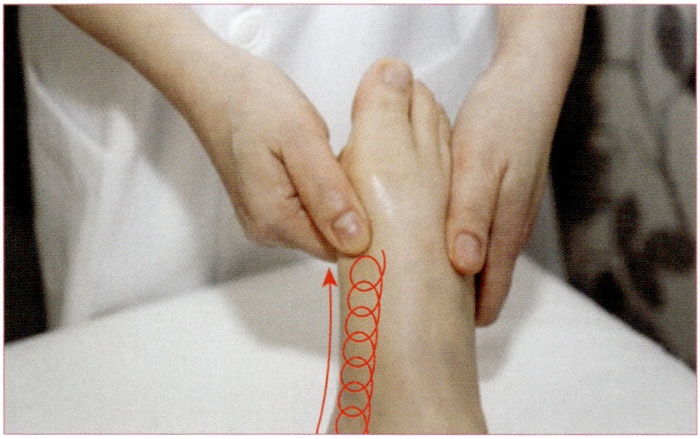

⑪ 발바닥 가지치기

양 손 엄지를 겹쳐 용천 부위에 압을 준 뒤에 양 손가락을 발등에 고정하고 엄지로 발바닥 중앙을 발꿈치까지 가지치기 하여 내려왔다가 양 엄지로 압을 주어 밀어 올린다.

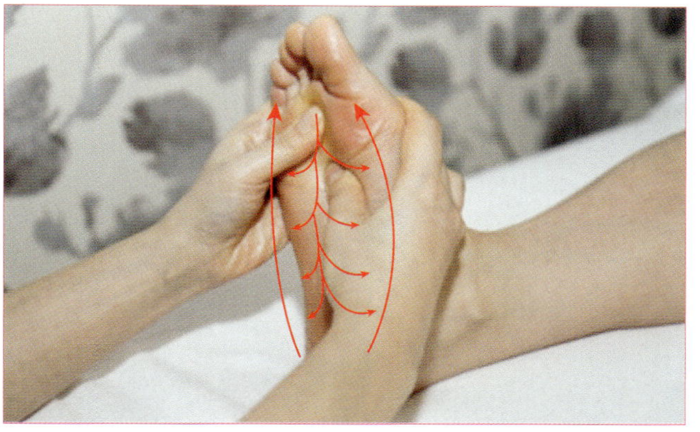

⑫ 발바닥 진정동작

발의 바깥쪽에 서서 바깥 손으로 발가락을 뒤로 젖혀 잡고 안쪽 손을 주먹 쥐어 주먹 등으로 쓸어 내린 후 손바닥으로 부드럽게 쓸어 올린다.

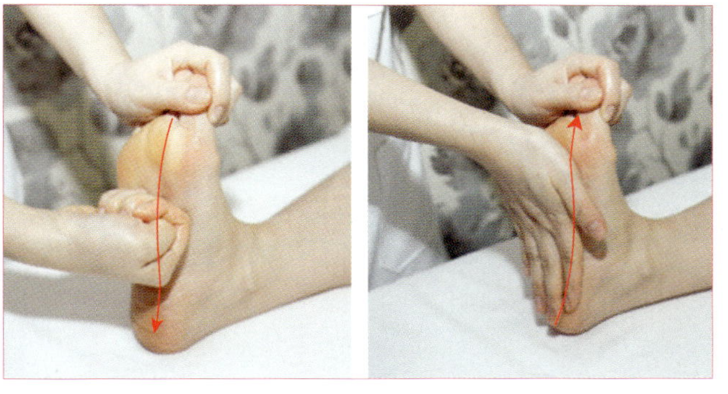

⑬ 발뒤꿈치 쓰다듬기

바깥 손으로 발을 감싸 잡고 안쪽 손으로 발뒤꿈치를 둥글리며 부드럽게 쓰다듬는다.

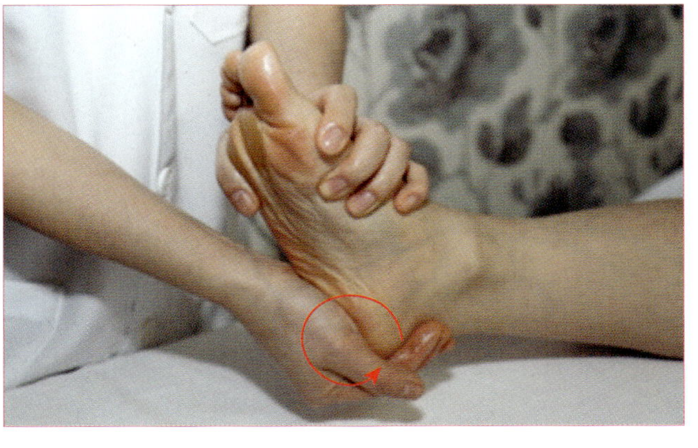

⑭ 손 엇갈려 발 길게 쓰다듬기

한 손은 발가락 등에 대고 다른 손은 발뒤꿈치에 댄 후에, 발등을 쓸어 내리는 손에 압을 주어 엇갈려서 반대 방향으로 쓰다듬는다.

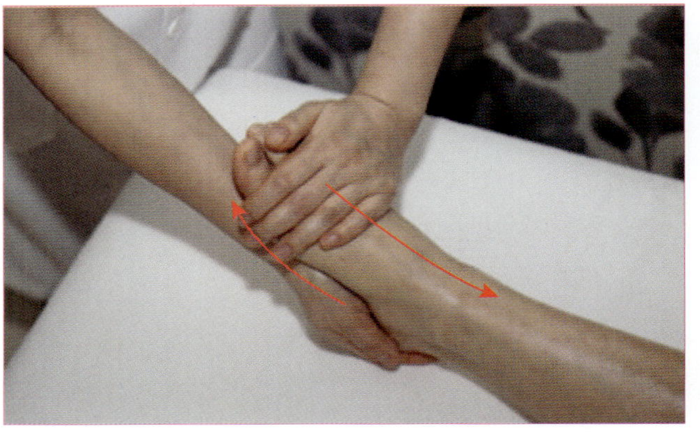

⑮ 다리 두 손으로 쓰다듬기

양 손바닥을 바깥 손이 위로 가게 교차하여 놓고 체중을 실어 대퇴부까지 올라가서 바깥쪽 후면을 쓰다듬어 내려 2 · 3 · 4지가 장딴지근을 쓰다듬어 내려온다(3회 반복).

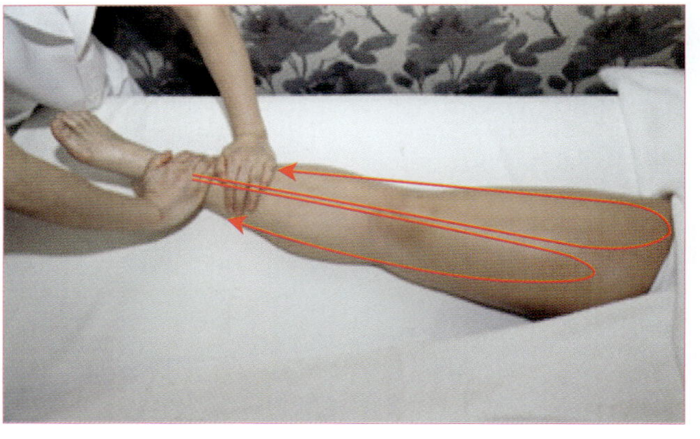

⑯ 안에서 밖으로 쓰다듬기

안쪽 손으로 발목을 잡고 바깥 손을 이용하여 안쪽으로 쓰다듬어 올라간 다음에 바깥쪽으로 쓰다듬어 내린다.

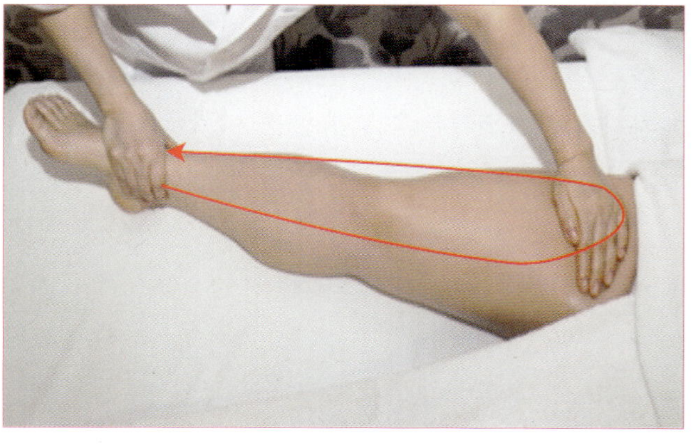

⑰ 밖에서 안으로 쓰다듬기

바깥쪽 손으로 발목을 잡고 바깥 손을 이용하여 안쪽으로 쓰다듬어 올라간 다음, 안쪽으로 쓰다듬어 내린다(⑯, ⑰번을 교대로 3회 반복)

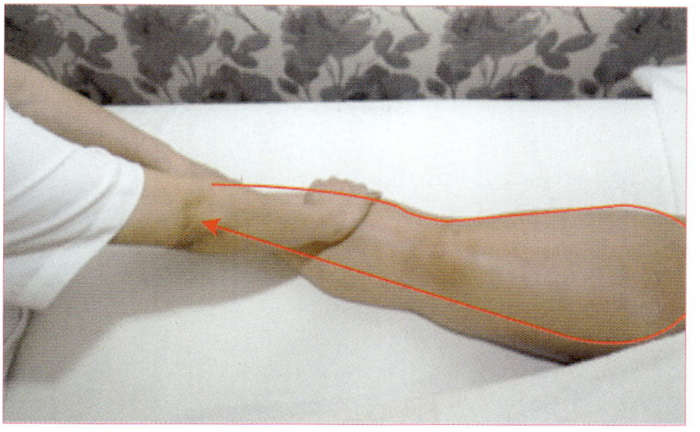

⑱ 대퇴부 내측 비비기

양 손바닥을 서로 엇갈리며 비벼 준다(왕복 3회).

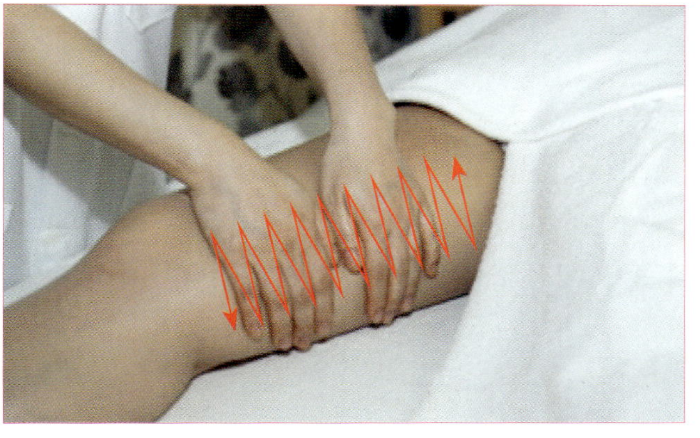

⑲ 대퇴부 내측 반죽하기

양 손의 엄지와 네 손가락을 서로 교차시키며 반죽하듯이 주물러 준다(왕복 3회).

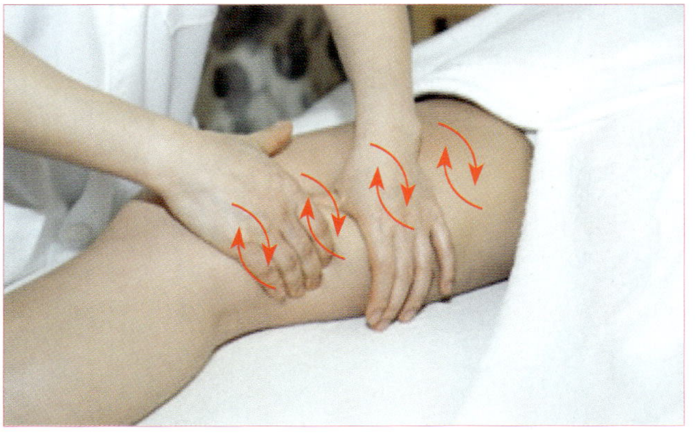

⑳ 대퇴부 내측 당겨주기

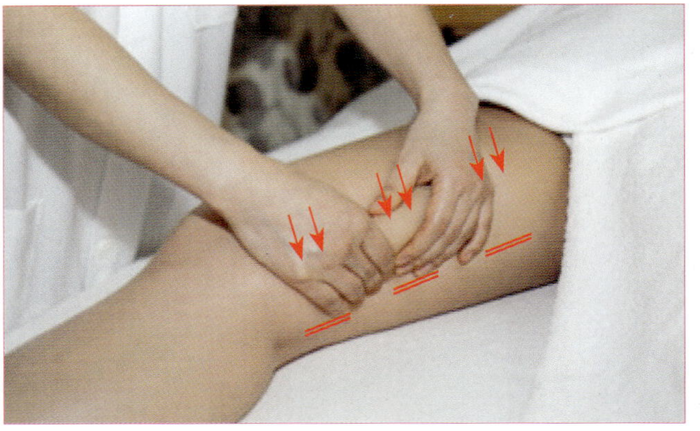

양 손의 네 손가락으로 대퇴부 내측 근육을 잡아 올려주고 엄지와 엄지 볼로 쓸어 내려 집듯이 잡아 준다(왕복 3회).

㉑ 대퇴부 외측 비비기

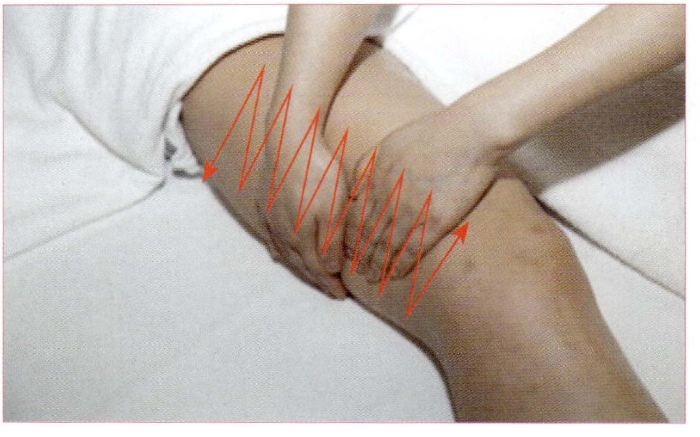

양 손바닥을 서로 엇갈리며 비벼 준다(왕복 3회).

㉒ 대퇴부 외측 반죽하기

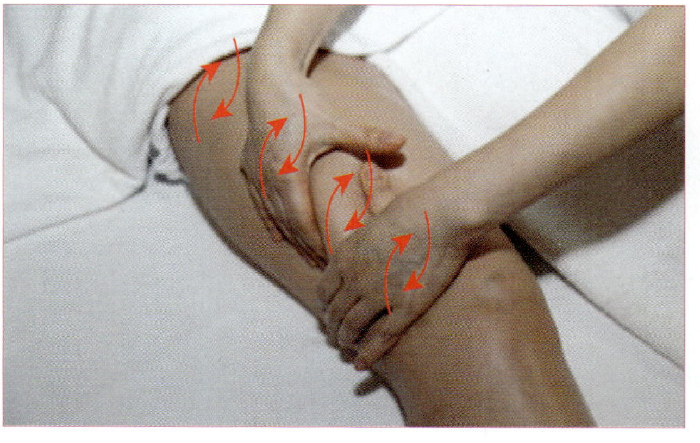

양 손의 엄지와 네 손가락을 서로 교차시키며 반죽하듯이 주물러 준다(왕복 3회).

㉓ 대퇴부 외측 당겨주기

양 손의 네 손가락으로 대퇴부 내측 근육을 잡아 올려 주고 엄지와 엄지 볼로 쓸어 내려 집듯이 잡아 준다(왕복 3회).

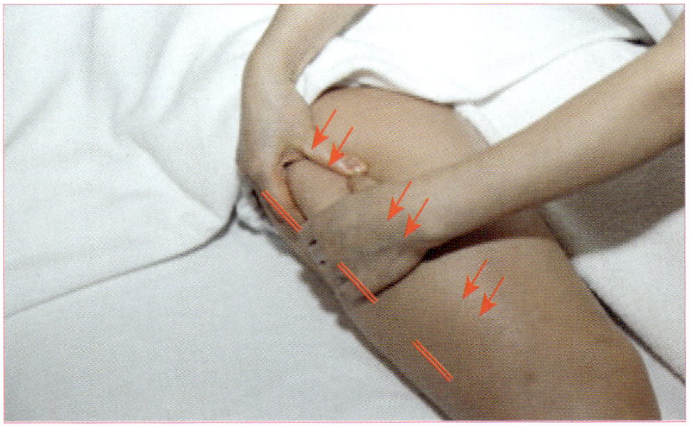

㉔ 대퇴부 외측 마찰하기

엉덩정강근막띠(장경인대) 부위를 7~9점으로 나누어 중지를 이용하여 마찰하기 동작으로 한 부위당 5번씩 제자리 원을 그린 후 압을 준 상태에서 다음 부위로 이동하여 같은 동작을 반복한 후 압을 주어 쭉 쓸어내린다.

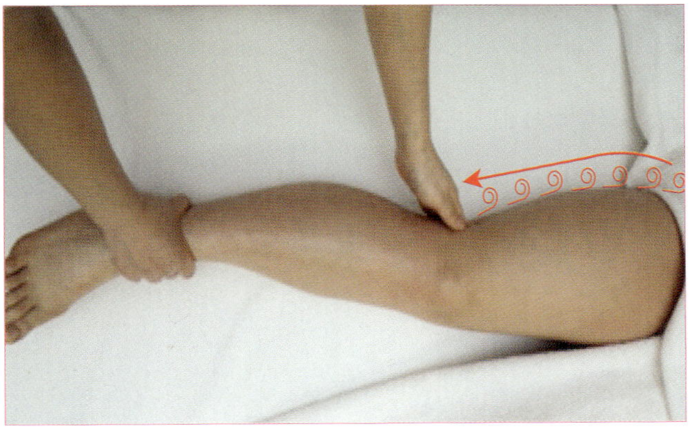

㉕ 대퇴부 전면 도장 찍기

대퇴부 전면을 3선으로 나누어 진행 방향으로 한 손 엄지와 2 · 3 · 4지로 먼저 집어 주고 따라가는 다른 손 엄지로 도장을 찍듯 눌러 준다.

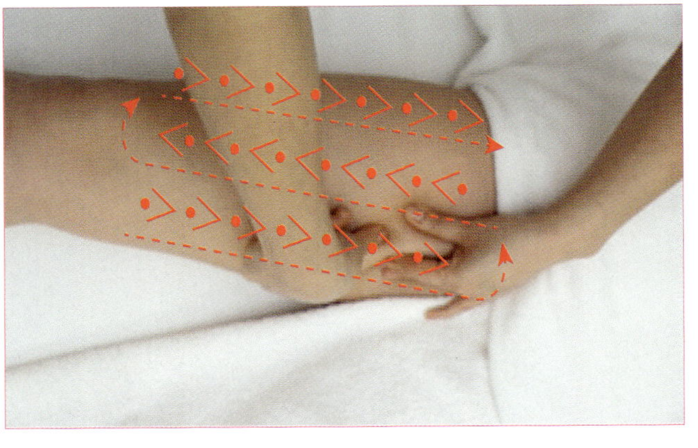

㉕ 대퇴부 외측 떨어주기

안쪽 손으로 발목을 잡고 바깥 손을 이용하여 대퇴부 외측을 아래에서 위 방향으로 진동을 주며 떨어 올라가서 튕겨 준다(3회 반복).

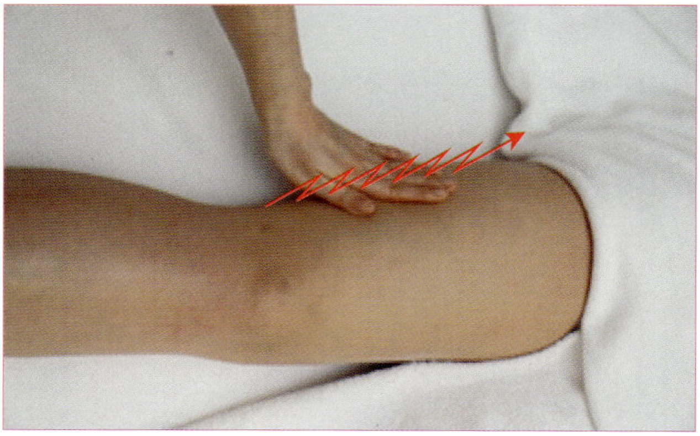

㉖ 대퇴부 진정동작

안쪽 손으로 발목을 잡고 대퇴부를 3선으로 나누어 안쪽부터 주먹의 등 부분(첫째마디뼈)을 이용하여 무릎에서부터 부드럽게 밀고 올라가고 서혜부에서 지그시 눌러준 후 손을 떼고 2선으로 와서 같은 동작을 반복한다.

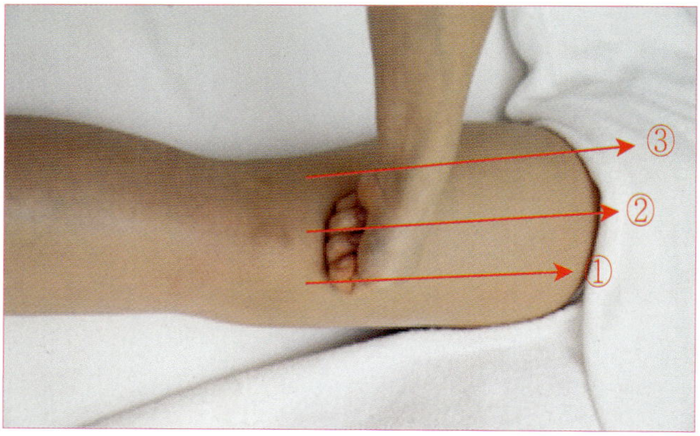

㉗ 전면 무릎뼈 3단계 회전하여 쓰다듬기

- **1 단계**

안쪽 손으로 발목을 잡고 바깥 손 엄지와 네 손가락으로 앞 정강이를 감싸 잡고 밀며 올라온다.

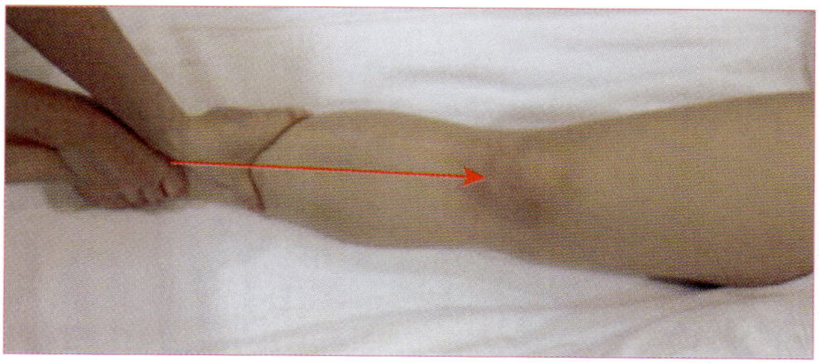

• 2 단계

무릎뼈 아래에서 무릎 뒤로 들어가서 네 손가락으로 쓰다듬고 엄지가 무릎뼈 위를 쓸어 주며 올라온다.

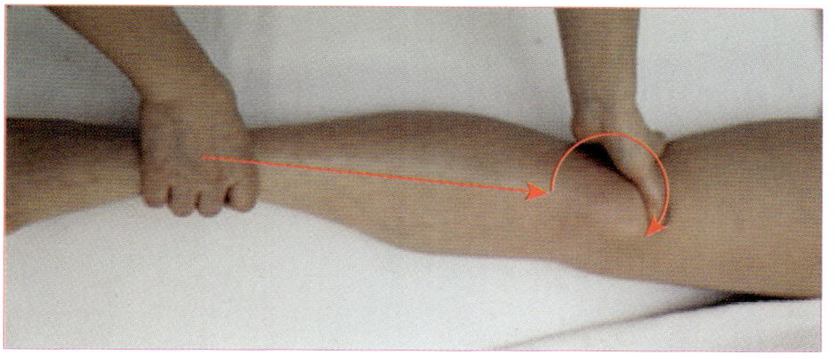

• 3 단계

네 손가락을 합쳐 대퇴부 안쪽에서 밖으로 돌아 발목까지 쓸어내린다. (1, 2, 3단계를 3회 반복)

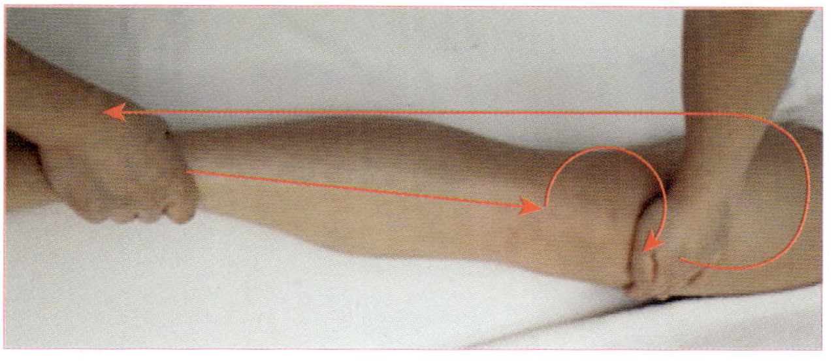

㉘ 엄지로 무릎뼈 주위 쓰다듬기

양 손의 엄지를 무릎뼈 위쪽에 교차로 놓고 압을 주며 바깥으로 쓸어 주고 연결 동작으로 무릎뼈 아래 쪽에 교차로 놓고 압을 주어 바깥쪽으로 쓸어 준다(반복 3회).

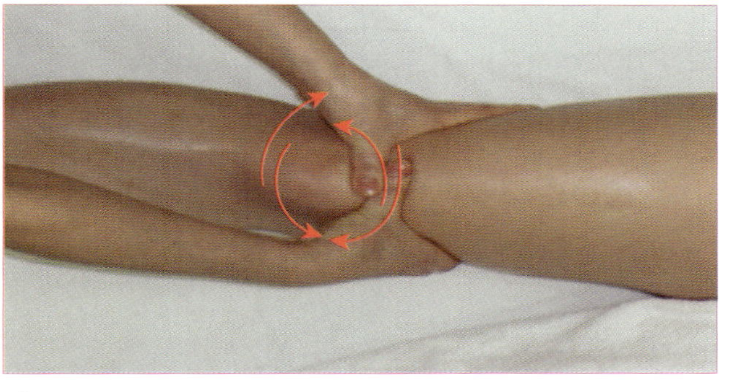

㉙ 중지로 무릎 주위 마찰하기

양 손 중지로 무릎뼈 주위를 양쪽으로 4점으로 나누어 마찰하기 동작으로 압을 주어 한 부위당 5번씩 제자리 원을 그리며 둥글려 준다.

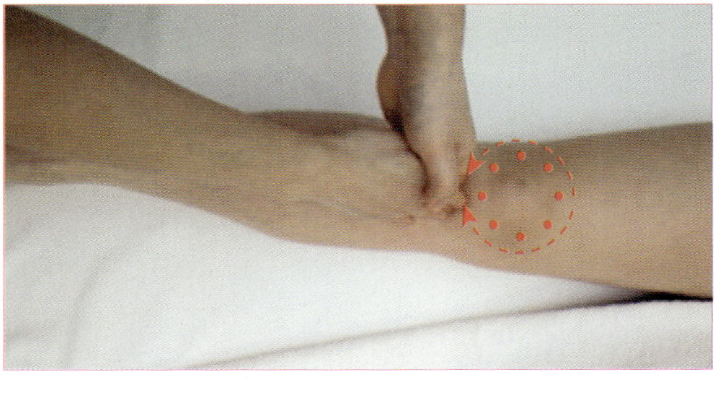

㉚ 손바닥으로 무릎 주위 쓰다듬기

양 손바닥을 무릎뼈의 위와 아래에 교차로 놓고 압을 주어 바깥쪽으로 엇갈려서 쓰다듬는다(3회 반복).

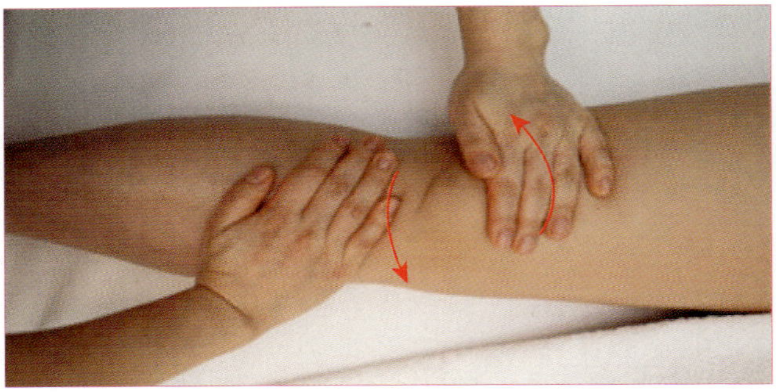

㉛ 장딴지근(종아리 근육) 문지르기

다리를 세운 후 안쪽 손으로 발목을 잡고 바깥 손의 2 · 3 · 4 · 5지를 벌려 갈고리 모양으로 만들어 발목에서부터 안에서 밖으로 나선형을 그리며 둥글려 올라가서 발목까지 쭉 훑어 내린다(3회 반복).

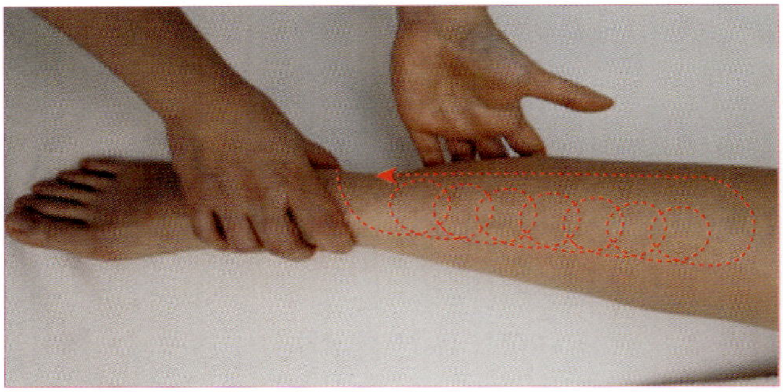

㉜ 종아리 길게 쓸어 올리기

양 손바닥으로 발목에서 무릎 뒤까지 압을 주어 교대로 쓸어 올린다(3회 반복).

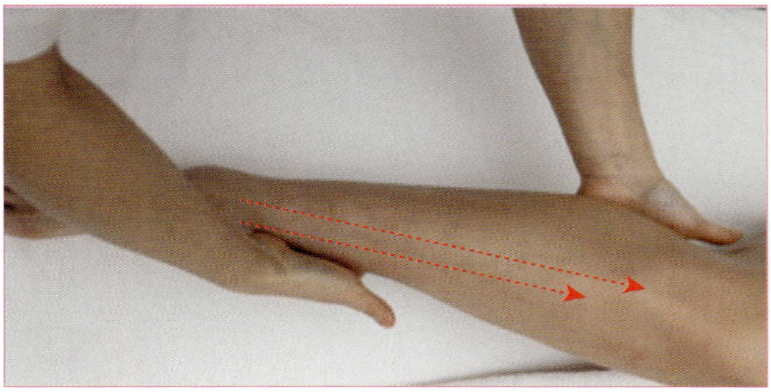

3. 발과 다리 전면 관리 마무리

(1) 티슈로 닦기

티슈를 펼쳐서 여분의 오일이나 잔여물을 눌러서 닦아낸다.

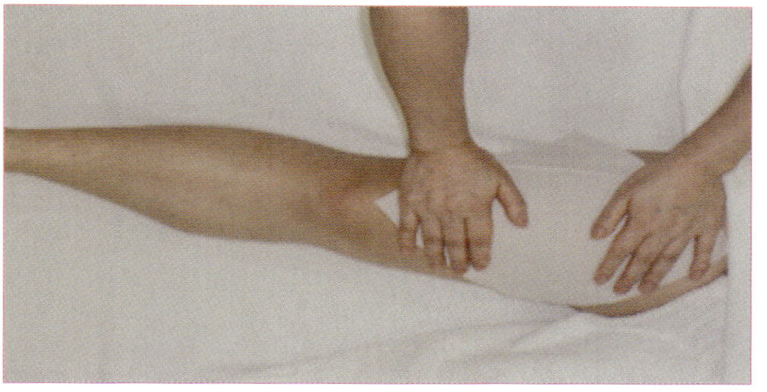

(2) 온습포로 닦기

① 온습포를 테라피스트의 손등과 손바닥을 오가며 온도를 측정한 후에 고객의 다리를 감싼 채 한 손으로 발목을 잡고 다른 손으로 서혜부를 위로 밀어주며 스트레칭 해준다.

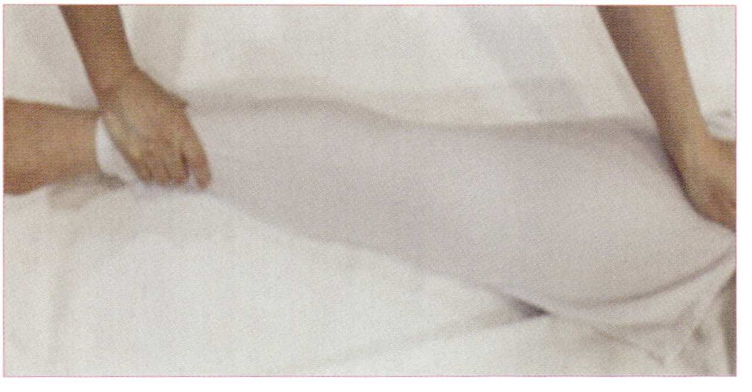

② 온습포 위로 양 손으로 다리근육을 집어 준다.

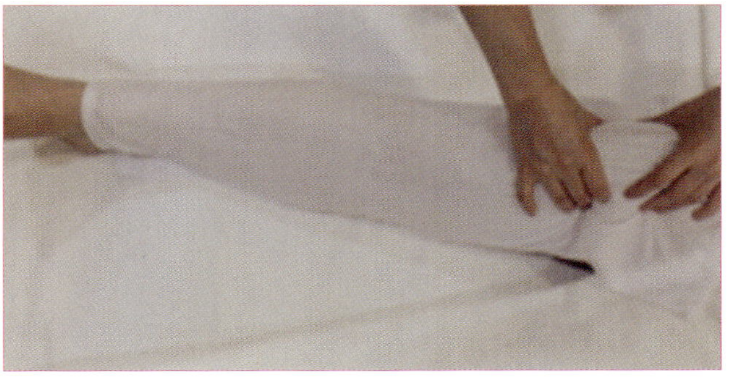

③ 한 손으로 발목을 잡은 후에 다른 손으로 발가락을 잡고 안쪽, 바깥쪽으로 눌러 준다.

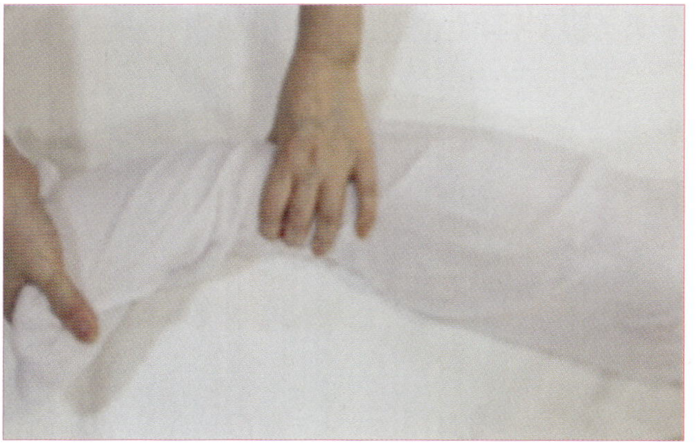

④ 타월의 윗부분을 중지에 끼워 안으로 밖으로 서혜부와 넙다리 윗부분을 닦아준 후 1/3을 접어 끼워 넙다리와 무릎을 닦고 다시 접어 끼워 종아리를 닦는다.

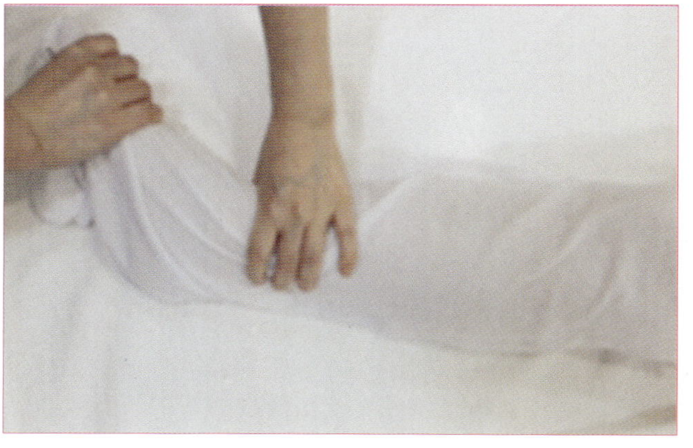

⑤ 타월로 발을 감싸서 발등을 지압해 준 후 발가락 사이사이를 꼼꼼히 닦는다.

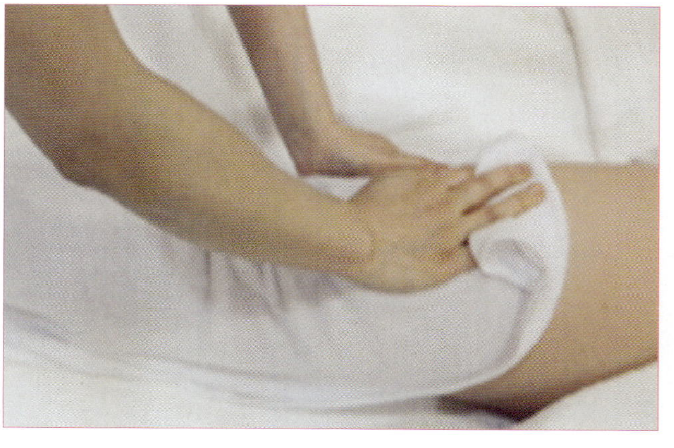

4. 발과 다리 후면 마사지

(1) 관리 전 준비

타월 드레이핑

관리를 받지 않는 부위는 타월로 감싸 체온을 유지한다.

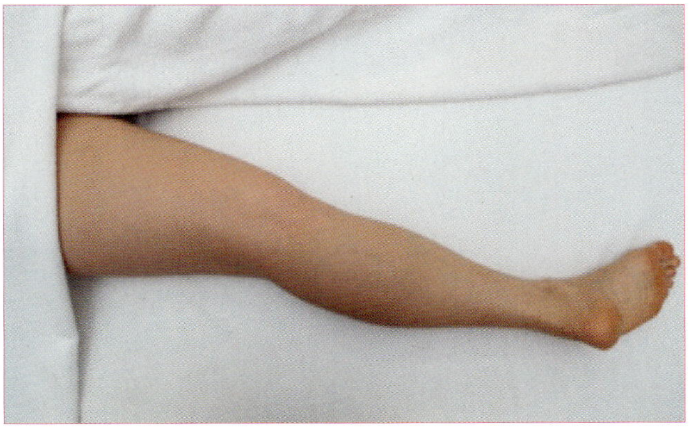

(2) 마사지 동작

오일 나눠주기

적당량의 오일을 양 손바닥에 골고루 묻힌 후 바깥쪽 손으로 발등부터 서혜부 방향으로 바깥 손이 끝에 오도록 고양이 걸음을 걷듯 가볍게 오일을 나누어 준다.

도포하기

서혜부에 있는 양 손바닥으로 다리 전체를 쓰다듬어 내리며 오일을 도포해 준다.

① 다리 양 손으로 길게 쓰다듬기

양 손바닥을 바깥 손이 위로 가게 교차하여 놓고 체중을 실어 넙다리까지 올라가서 바깥쪽으로 쓰다듬어 내려온다.

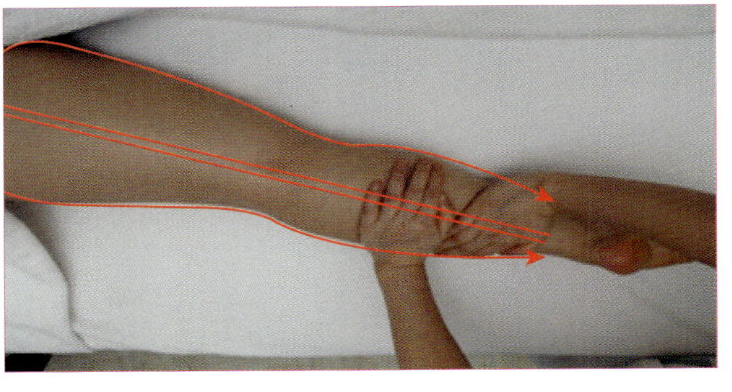

② 안에서 밖으로 쓰다듬기

안쪽 손으로 발목을 잡고 바깥 손을 이용하여 안쪽으로 쓰다듬어 올라간 다음, 바깥쪽으로 쓰다듬어 내린다.

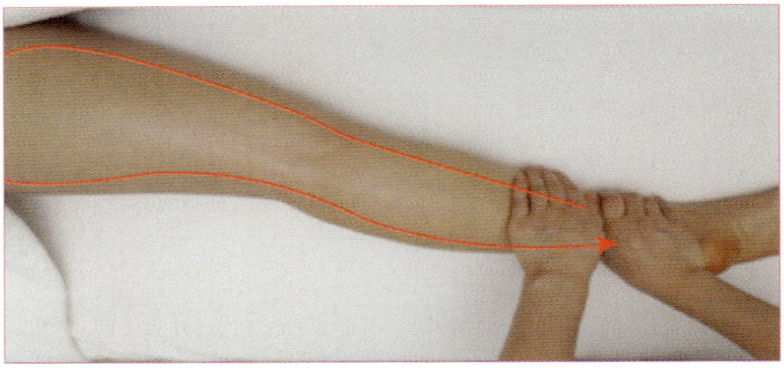

③ 밖에서 안으로 쓰다듬기

바깥쪽 손으로 발목을 잡고 바깥 손을 이용하여 바깥쪽으로 쓰다듬어 올라간 다음, 바깥쪽으로 쓰다듬어 내린다(②, ③번을 교대로 반복 3회).

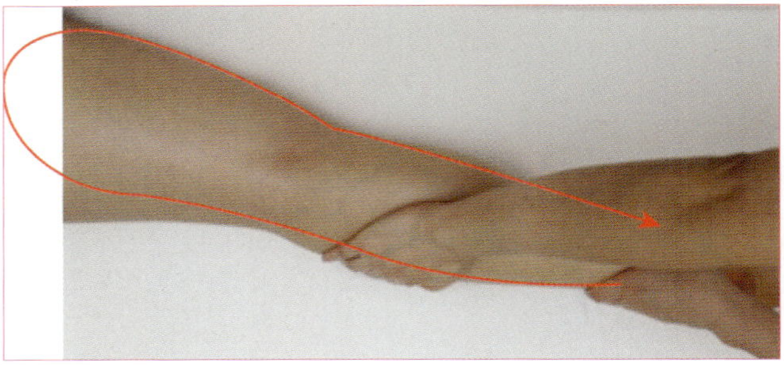

④ 종아리 비비기

양 손바닥을 서로 엇갈리며 비벼준다(왕복 3회).

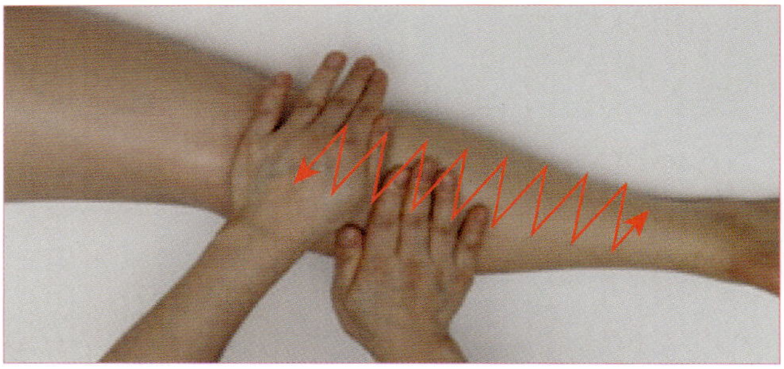

⑤ 종아리 반죽하기

종아리를 두 부위로 나눠 양 손의 엄지와 네 손가락을 서로 맞교차시키며 반죽하듯이 주물러 안쪽 선으로 올라가서 바깥 선으로 반죽하며 내려온다(반복 3회).

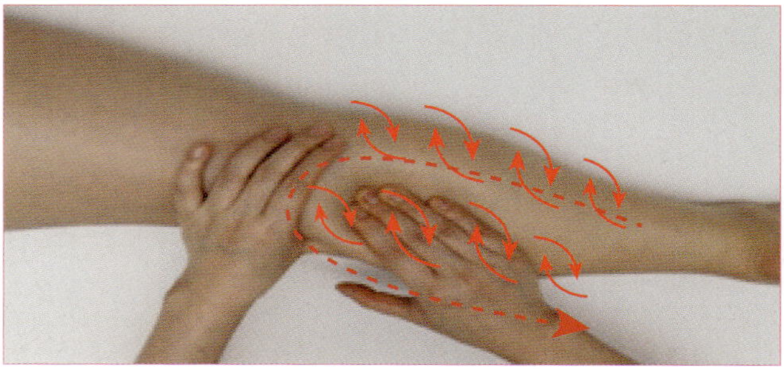

⑥ 종아리 당겨주기

양 손의 네 손가락으로 종아리 근육을 잡아 주고 엄지와 엄지볼로 쓸어내려 집듯이 잡아 준다(왕복 3회).

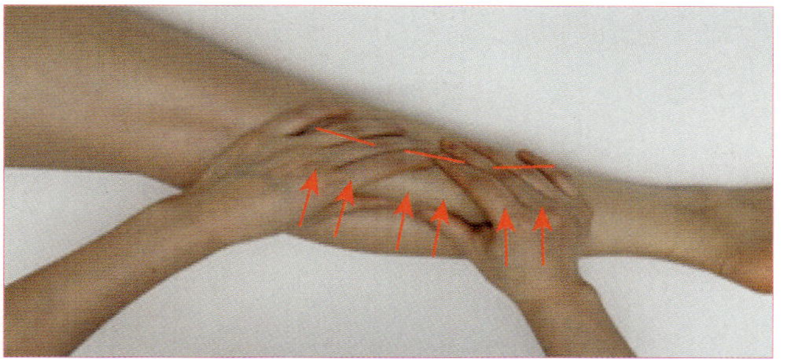

⑦ 장딴지근 부위 가치치기

양 손 엄지와 엄지볼을 이용하여 발목에서부터 장딴지근 사이를 가지치기하여 올라가서 엄지볼로 장딴지근과 가자미근을 감싸며 내려온다(3회 반복).

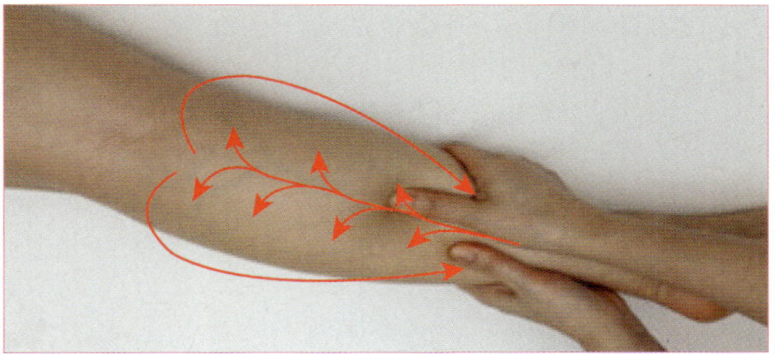

⑧ 대퇴부 후면 비비기

대퇴부 후면의 전체를 양 손바닥을 서로 엇갈리며 비벼 준다(왕복 3회).

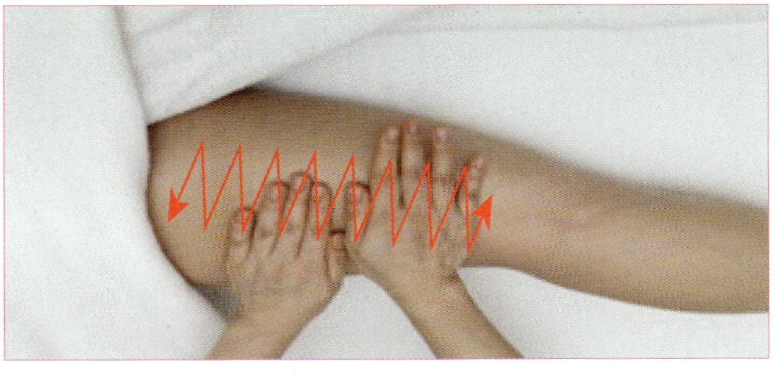

⑨ 대퇴부 후면 반죽하기

대퇴부 후면을 2선으로 나누어 안쪽부터 엄지와 네 손가락을 서로 교차시키며 반죽하듯이 주물러 엉덩이를 8자형으로 돌아 바깥쪽으로 내려온다(3회 반복).

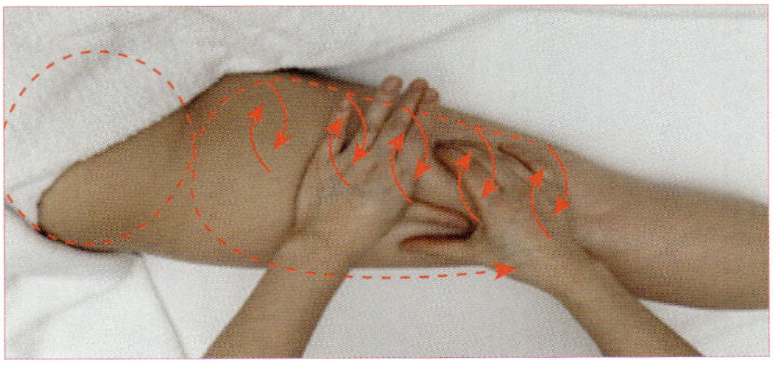

⑩ 대퇴부 후면 당겨주기

양 손의 네 손가락으로 대퇴부 후면 근육을 잡아서 올려 주고 엄지와 엄지볼로 쓸어내려 집듯이 잡아 준다(왕복 3회).

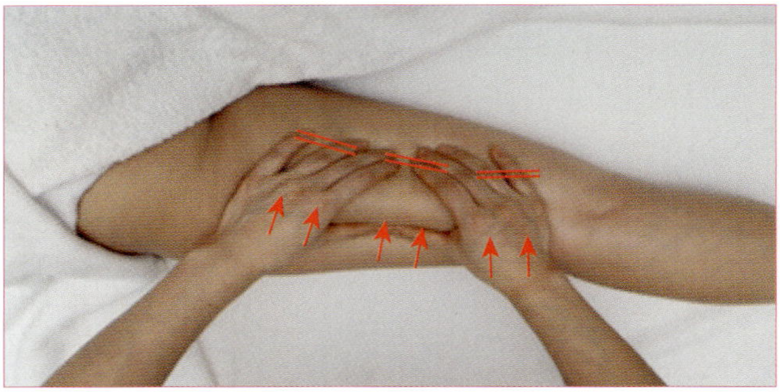

⑪ 대퇴부 외측 마찰하기

안쪽 손으로 발목을 잡고 다른 손의 중지를 위주로 2 · 3 · 4지를 이용하여 엉덩정강근막띠(장경인대) 부위를 7~9점으로 나누어 마찰하기 동작으로 한 부위당 5번씩 제자리 원을 그린 후에 압을 준 상태에서 다음 부위로 이동하여 같은 동작을 반복하여 끝까지 가서 압을 주어 쓸어 내린다.

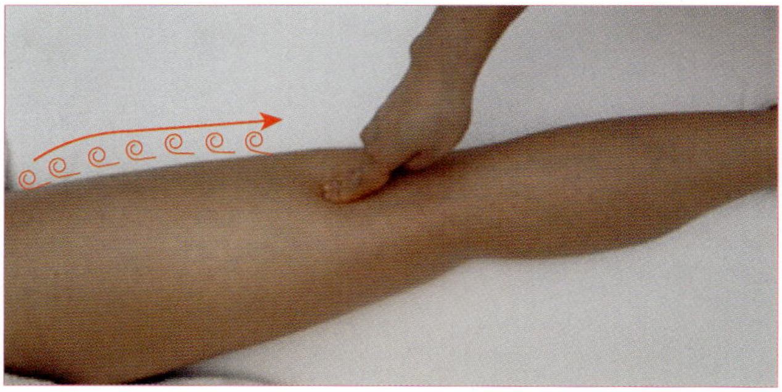

⑫ 대퇴부 후면 도장 찍기

대퇴부 후면을 3선으로 나누어 진행 방향으로 한 손 엄지와 2 · 3 · 4지로 먼저 집어 주고, 따라가는 다른 손 엄지로 도장을 찍듯 눌러 준다.

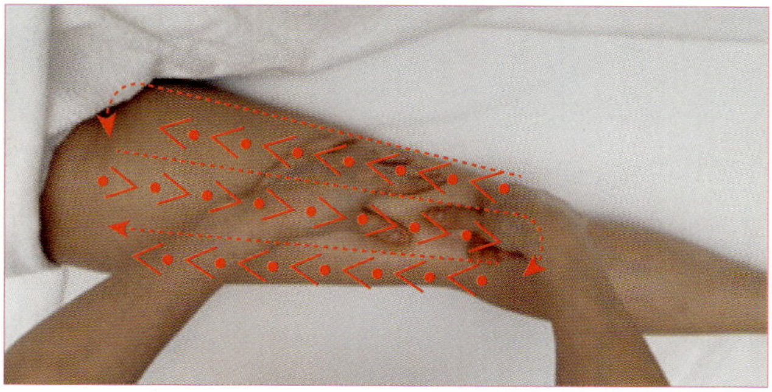

⑬ 대퇴부 외측 떨어주기

안쪽 손으로 발목을 잡고 바깥 손을 이용하여 대퇴부 외측을 아래에서 위 방향으로 진동을 주며 떨어 올라가서 튕겨 준다.

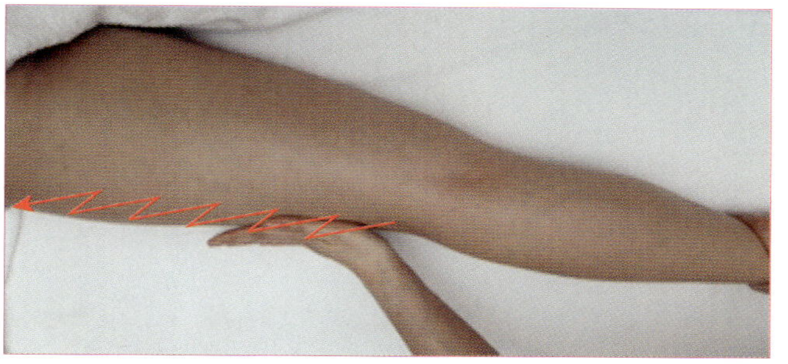

⑭ 대퇴부 후면 진정동작

안쪽 손으로 발목을 잡고 대퇴부를 3선으로 나누어 안쪽부터 주먹의 등 부분(첫째마디뼈)을 이용하여 무릎에서부터 부드럽게 밀고 올라가 서혜부에서 지그시 눌러 준 후 손을 떼고 2선으로 와서 같은 동작을 반복한다.

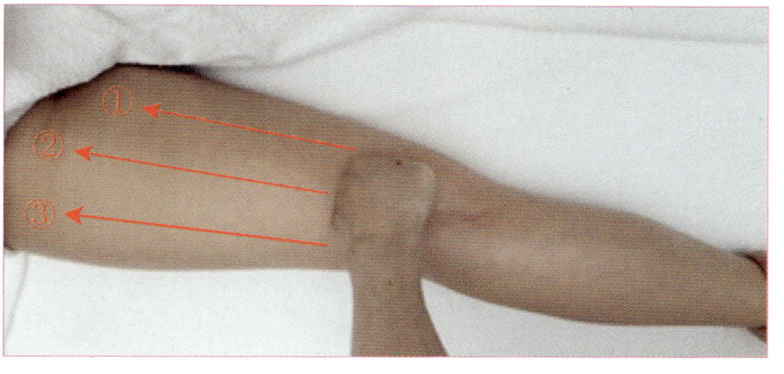

⑮ 대퇴부 후면 3단계 쓰다듬기

• 1 단계

양 손바닥을 위 방향으로 나란히 하여 장딴지근을 쓰다듬고 근육의 모양대로 잡아 준다.

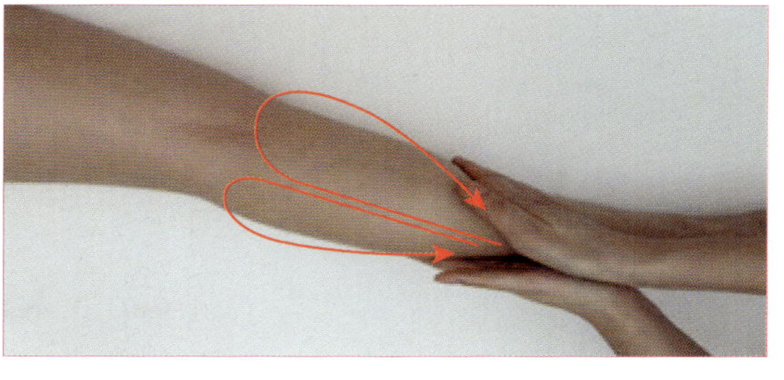

• 2 단계

무릎 뒤까지 쓰다듬어 올라가서 무릎을 돌려 쓰다듬어 준다.

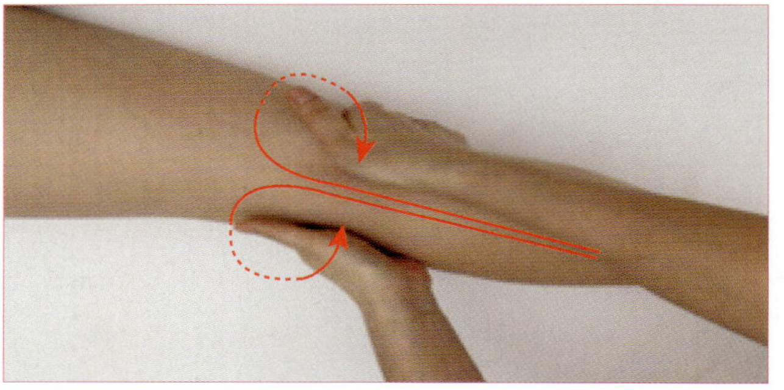

• 3 단계

손을 같은 방향으로 합쳐 안에서 밖으로 쓰다듬어 발목까지 내려온다(1, 2, 3 단계를 3회 반복).

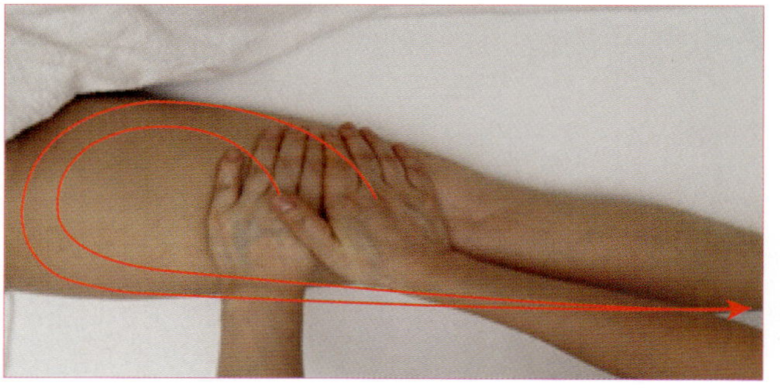

5. 다리 후면 관리 마무리

(1) 티슈로 닦기

티슈를 펼쳐서 여분의 오일이나 잔여물을 눌러서 닦아낸다.

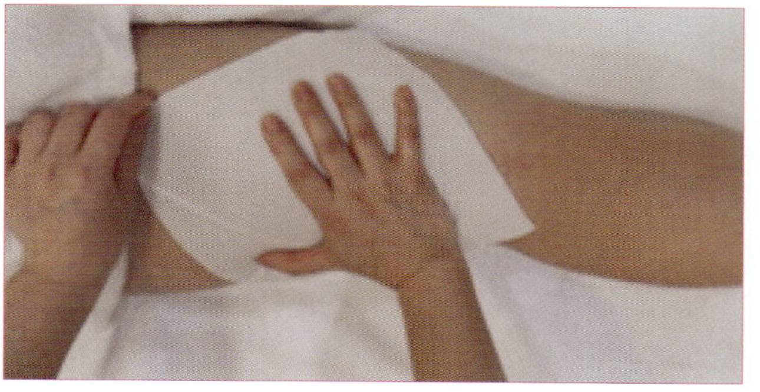

(2) 온습포로 닦기

① 온습포를 테라피스트의 손등과 손바닥을 오가며 온도를 측정한 후 고객의 다리를 감싼다. 한 손으로 발목을 잡고 다른 손으로 승부를 몸쪽으로 향해 밀어 주며 스트레칭 해준다.

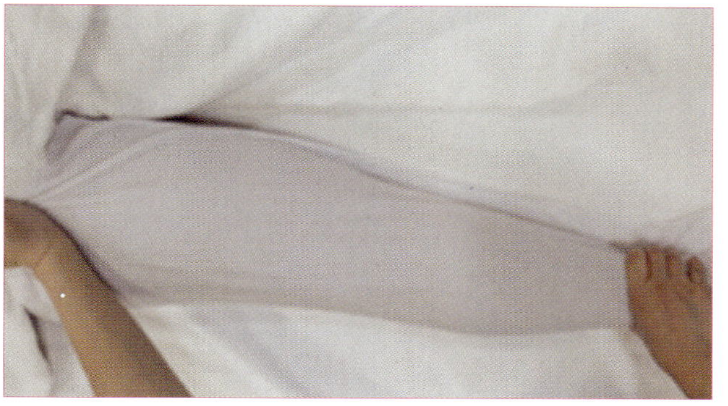

② 온습포 위로 양 손으로 다리근육을 집어 준다.

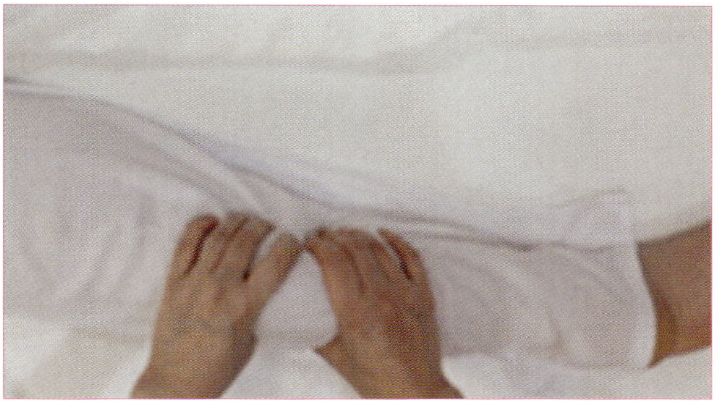

③ 온습포로 발을 감싸서 엄지를 겹쳐 발바닥의 용천 부위를 눌러 준다

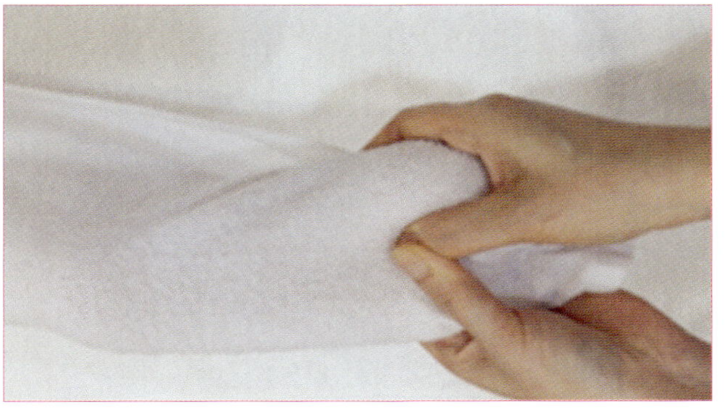

④ 타월의 윗부분을 중지에 끼워 안으로 밖으로 서혜부와 넙다리 윗부분을 닦아 준 후 1/3을 접어 끼워 넙다리와 무릎을 닦고 다시 접어 끼워 종아리를 닦는다.

⑤ 타월로 발을 감싸서 발바닥과 발가락 사이사이를 꼼꼼히 닦는다.

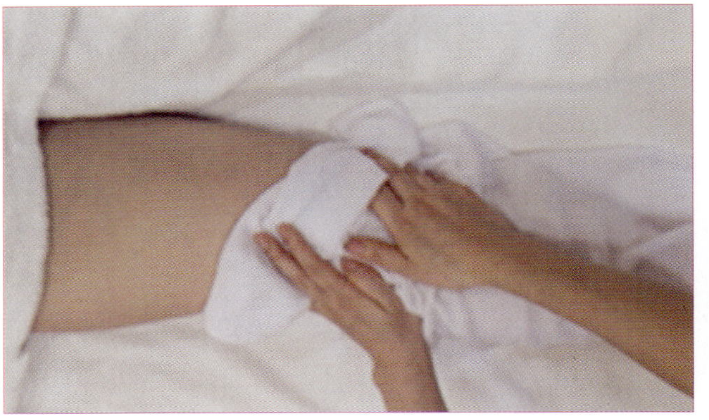

(3) 바디 전용 토너나 로션으로 마무리한다.

피부 타입에 맞는 토너나 바디 로션을 적당량 덜어서 부드럽게 쓰다듬기 동작으로 발라 준다.

7. 등 마사지

등은 몸을 지탱해주는 주요 구조이며 우리 몸에서 가장 넓은 부위를 차지하고 있다. 또한 신경계통이 척추로부터 인체의 모든 영역으로 퍼져 나가기 때문에 매우 중요한 부위라고 할 수 있다. 더불어 등은 가슴공간 등의 배쪽 체강 안의 주요장기들을 반사하기도 하므로 등 마사지는 신체적 · 정신적 스트레스 해소 및 피로회복과 장기의 기능 및 작용을 도와줄 수 있다.

1. 등을 구성하는 뼈와 근육

(1) 등의 뼈

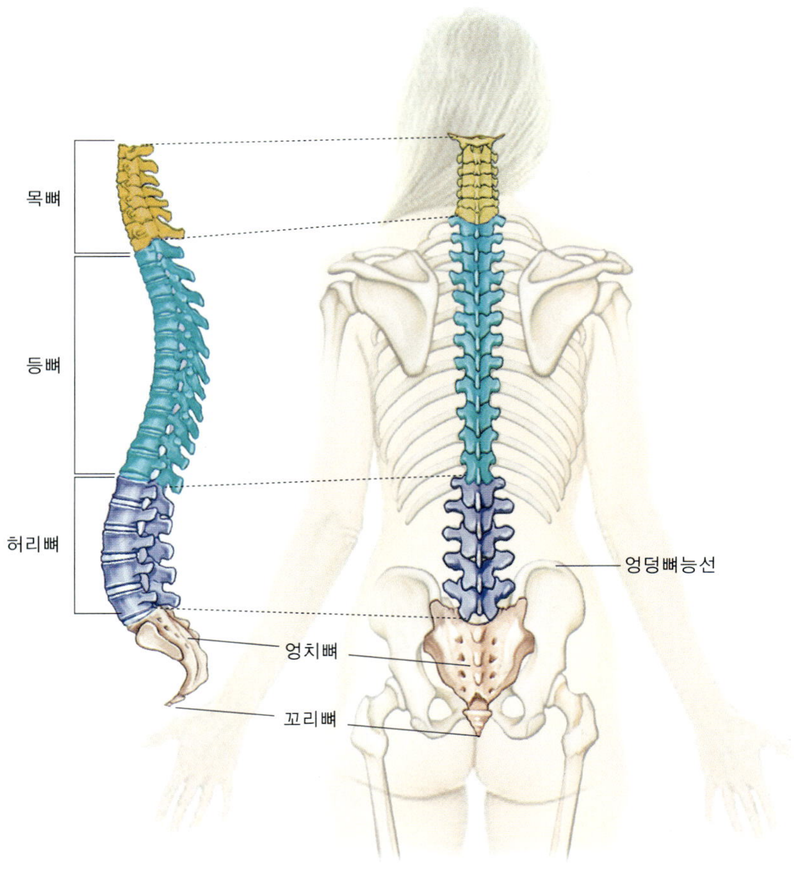

척주는 33개의 척추뼈로 이루어져 있으며, 머리와 몸통을 지지하는 기둥의 역할을 한다. 뼈와 뼈 사이에는 섬유성 연골인 척추뼈사이원반(Disc)과 인대에 의해 연결된다. 성인의 척주길이는 약 72~75cm이고 이 중의 1/4은 척추뼈사이원반이 차지한다.

① 진성척추뼈와 가성척추뼈

- **진성척추뼈** : 일생동안 각각의 뼈가 분리되어 있는 척추뼈
- **가성척추뼈** : 융합되어 있는 뼈(엉치뼈, 꼬리뼈)

② 척주의 구성

- 목뼈(Cervical) : 1~7
- 등뼈(Thoracic) : 1~12
- 허리뼈(Lumbar) : 1~5
- 엉치뼈(Sacral) : 5개의 척추뼈가 하나로 융합되어 있음.
- 꼬리뼈(Coccygeal) : 4개의 뼈가 하나로 융합되어 있음.

③ 발생과정의 척주의 굽이

- 1차 굽이 : 등굽이, C형 만곡으로 앞으로 오목하며 주요 장기를 보호하는 기능을 한다.
- 2차 굽이 : 앞 쪽으로 볼록한 형태
  목굽이 : 생후 3~4개월, 고개를 들 때나 앉을 때 형성
  허리굽이 : 생후 12~18개월, 보행 시 형성

(2) 등의 근육

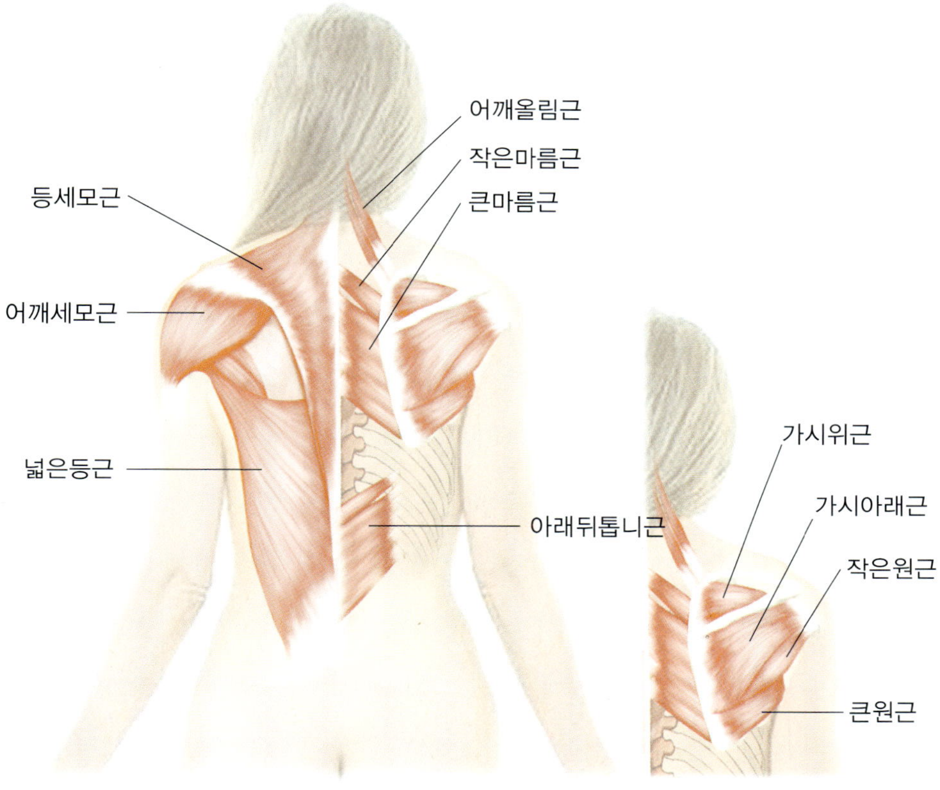

얕은 등 근육 : 척추와 위팔을 연결하여 위팔의 운동에 관여하는 근육들

① 등세모근 (승모근, Trapezius)

- **이는 곳 :** 바깥뒤통수뼈융기, 목덜미인대, 7번째 목뼈에서 12번 등뼈의 가시돌기
- **닿는 곳 :** 빗장뼈가쪽 1/3 어깨봉우리, 어깨뼈가시, 어깨뼈가시뿌리
- **작 용 :** 어깨뼈들기, 위쪽으로 돌리기, 뒤로당기기, 내리기.

② 마름근 (능형근, Rhomboid)

- 이는 곳 : 큰마름근 – 2~5번 등뼈의 가시돌기
  작은마름근 – 목덜미 인대 7번목뼈와 1번 등뼈의 가시돌기
- 닿는 곳 : 큰마름근 – 어깨뼈 안쪽 모서리에서 어깨뼈가시의 아래뿔
  작은마름근 – 어깨뼈가시의 시작부
- 작 용 : 어깨뼈의 들임과 아래쪽 돌림

③ 가시위근 (극상근, Supraspinatus)

- 이는 곳 : 어깨뼈가시위오목
- 닿는 곳 : 위팔뼈큰결절(윗면)
- 작 용 : 위팔뼈 벌리기, 위팔뼈머리 고정

④ 가시아래근 (극하근, Inpraspinatus)

- 이는 곳 : 어깨뼈가시아래오목
- 닿는 곳 : 위팔뼈큰결절(가운데면)
- 작 용 : 위팔뼈 가쪽 돌리기, 펴기

⑤ 넓은등근 (광배근, Ratissimus dorsi)

- 이는 곳 : 7~12번 등뼈의 가시돌기 등허리 근막, 엉덩뼈능선 아래쪽 3~4번 갈비뼈
- 닿는 곳 : 위팔뼈결절사이고랑
- 작 용 : 위팔뼈를 모으기, 펴기, 안쪽으로 돌리기

깊은 등 근육 : 척추와 두개골 및 골반을 연결하여 척주의 굽힘과 돌림 운동을 돕는다.

① 척주세움근 (척주기립근, Erector spinae)

- 척주세움근은 척주와 가슴우리의 균형을 유지하고 신전하는 근육군들의 집합용어로 척주를 중심으로 외측의 엉덩갈비근, 중간의 가장긴근, 내측에 위치한 가시근의 3종이다. 척주의 가시돌기와 가로돌기, 그리고 갈비뼈 사이에 위치하며 깊은 등 근육 중 길이가 비교적 길다.
- 작 용 : 척주를 지지하고 신전시켜 자세를 유지하는 데 관여한다.

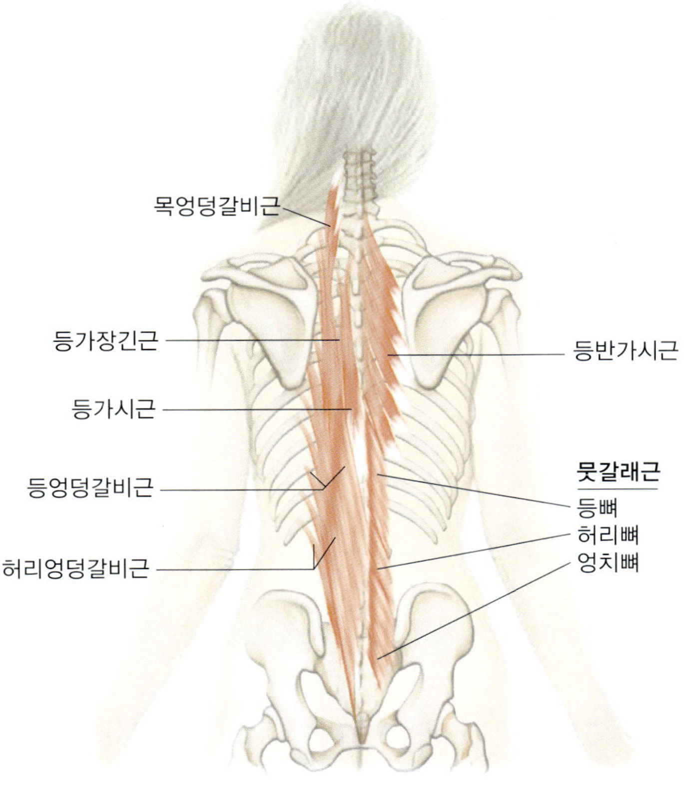

2. 마사지 전 준비

타월 드레이핑

관리를 받지 않는 부위는 타월로 감싸 체온을 유지한다.

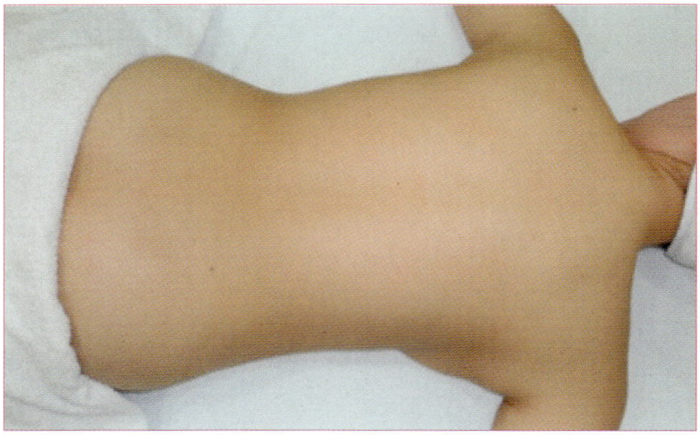

3. 등 마사지 동작

오일 바르기

양 손바닥을 이용하여 등을 서너 부위로 나누어 가볍게 나비가 날 듯 오일을 나눠 준다.

손을 바깥방향으로 둥글게 도포한다.

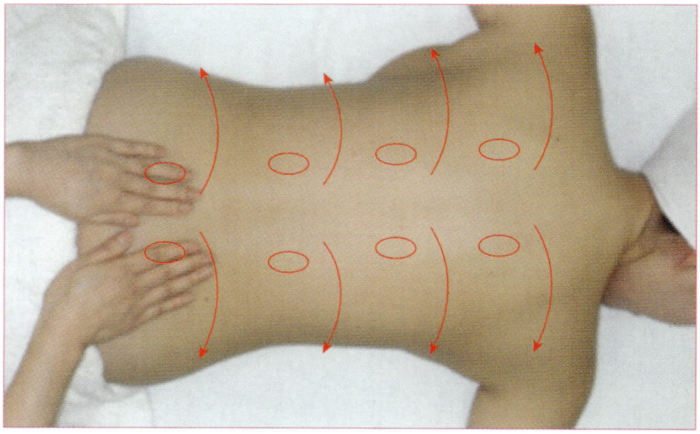

① 등 길게 쓰다듬기

양 손바닥을 허리뼈에서부터 7번째 목뼈까지 체중을 실어 척주세움근 을 따라 올라간 후에 손을 사선 방향으로 어깨뼈를 쓸어내린 후 옆구리를 감싸서 허리까지 내려온 다음, 허리선을 잡아 힘있게 빼 준다(3회 반복).

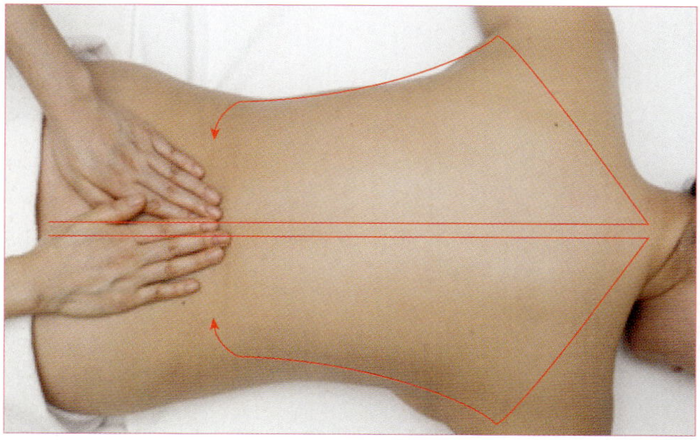

② 바깥방향으로 3단계 둥글리기

등을 3등분으로 나누어 손을 커핑(cupping)하여 바깥 방향으로 차츰 커지는 원을 그리다가 옆구리 선을 손바닥으로 쓸어 올리며 경쾌하게 손바닥을 마주친다.

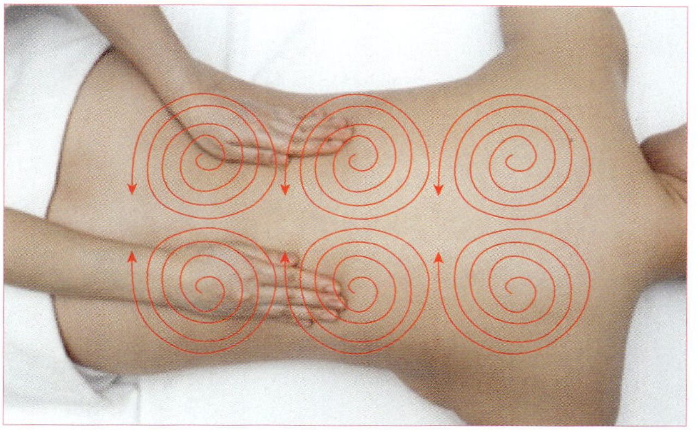

③ 안쪽 방향으로 3단계 쓰다듬기

등을 3등분으로 나누어 손을 커핑하여 안쪽 방향으로 차츰 커지는 원을 그리다가 옆구리 선을 손바닥으로 쓸어 올리며 경쾌하게 손바닥을 마주친다.

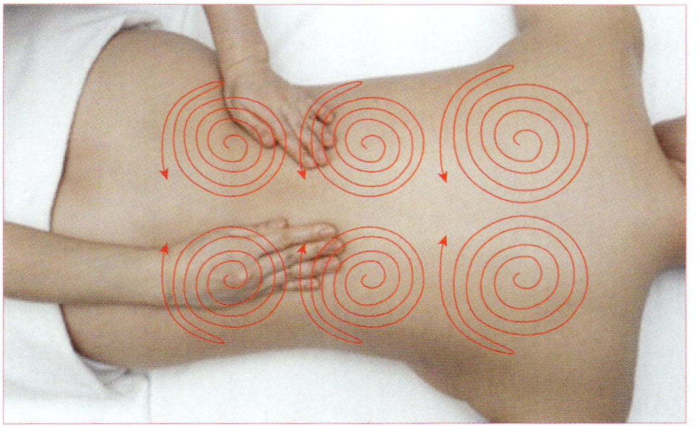

④ 옆구리 비비기

옆구리 부위를 양 손바닥을 서로 엇갈리며 비벼 준다(왕복 3회).

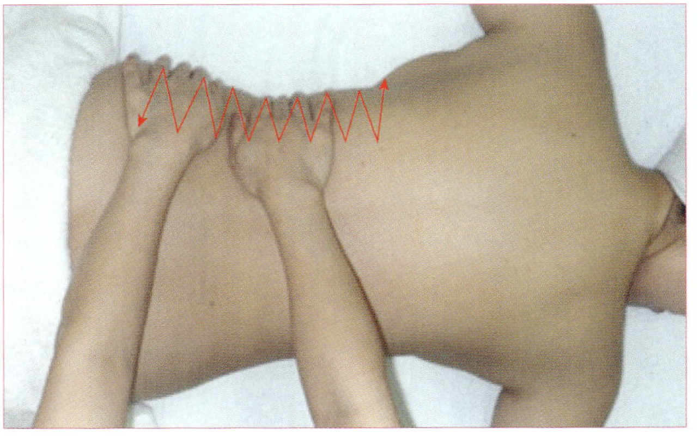

⑤ 옆구리 반죽하기

양 손의 엄지와 네 손가락을 서로 교차시키며 반죽하듯이 주물러 준다(왕복 3회).

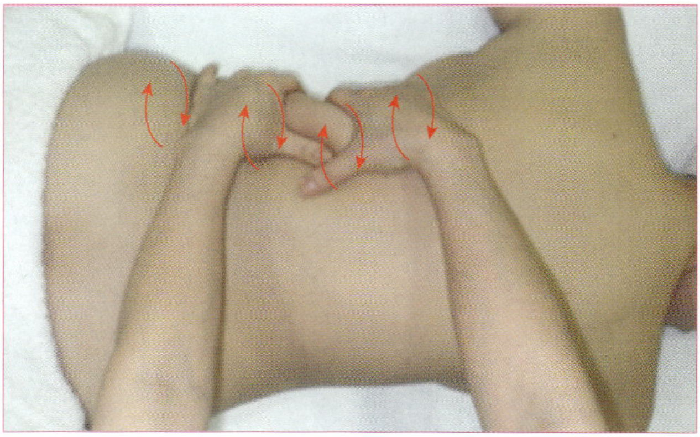

⑥ 옆구리 당겨주기

양 손의 네 손가락으로 옆구리 근육을 잡아 올려주고 엄지와 엄지 볼로 쓸어내려 집듯이 잡아 준다(왕복 3회).

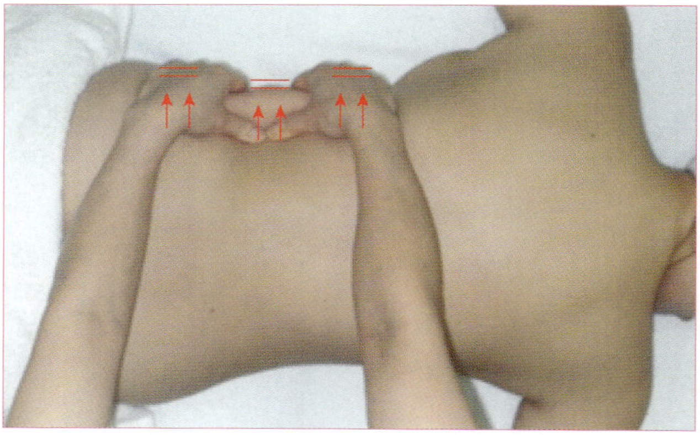

⑦ 반대편 옆구리 비비기

옆구리 부위를 양 손바닥을 서로 엇갈리며 비벼 준다(왕복 3회).

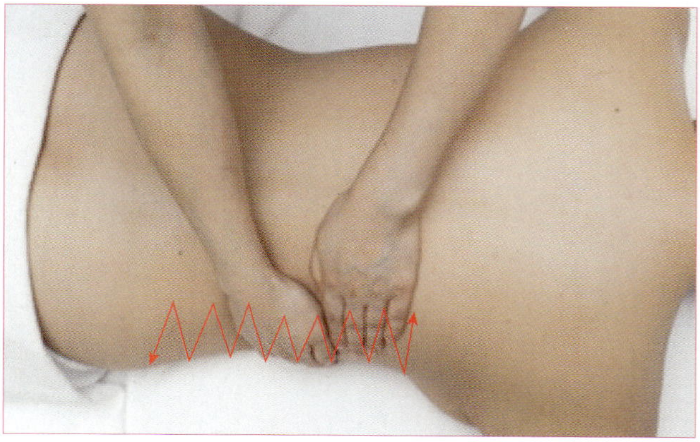

⑧ 반대편 옆구리 반죽하기

양 손의 엄지와 네 손가락을 서로 교차시키며 반죽하듯이 주물러 준다(왕복 3회).

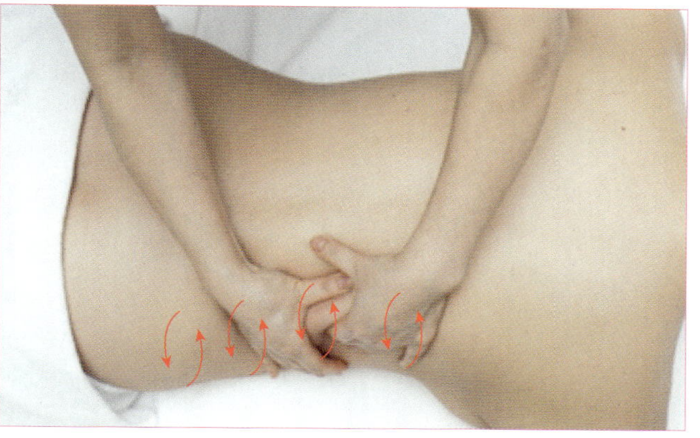

⑨ 반대편 옆구리 당겨주기

양 손의 네 손가락으로 옆구리 근육을 잡아 올려주고 엄지와 엄지볼로 쓸어내려 집듯이 잡아 준다(왕복 3회).

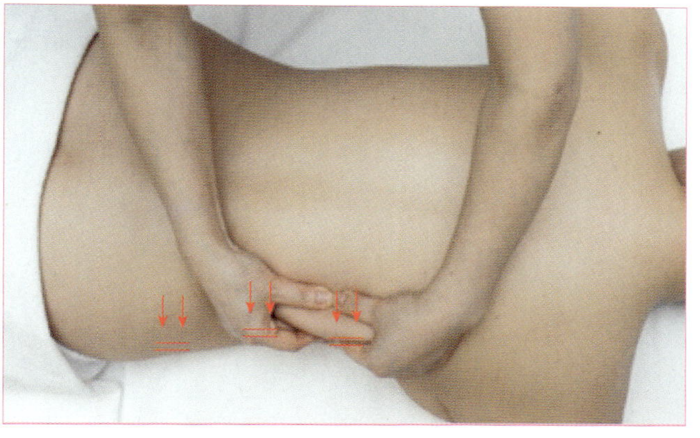

⑩ 등 수평방향으로 연속 반죽하기

양 손의 엄지와 네 손가락을 이용하여 오른쪽 어깨에서 왼쪽 허리까지 연속되는 ㄹ자 형태로 촘촘히 반죽한다.

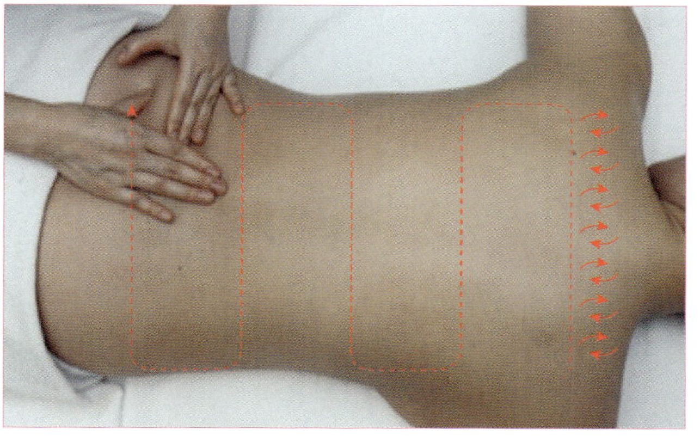

⑪ 엄지로 목 마찰하기

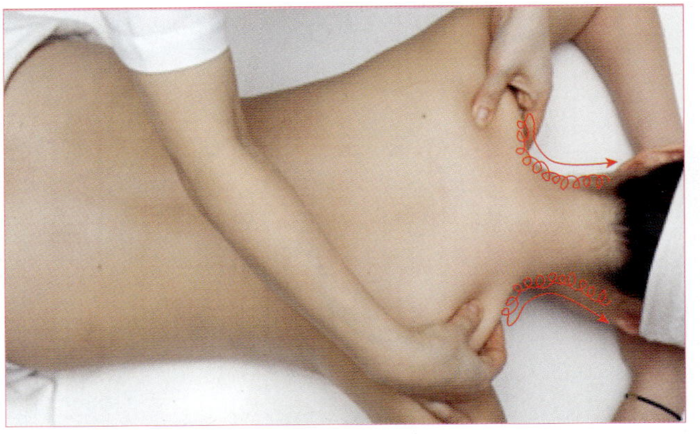

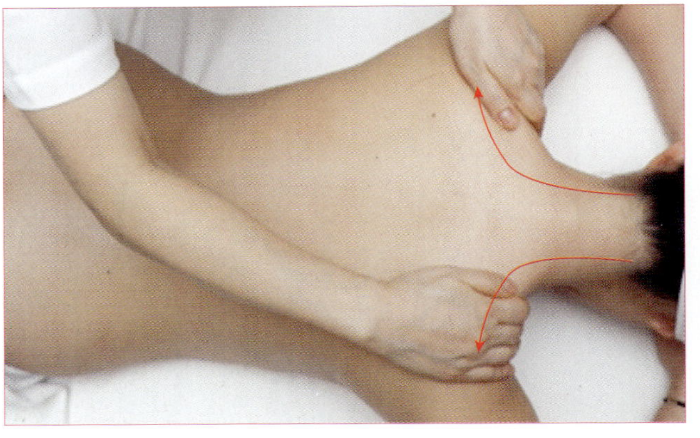

양 손 엄지를 목뼈의 측면에서 바깥 방향으로 원을 그리며 목줄기를 따라 어깨까지 둥글려 준 후 엄지로 천주점까지 밀어올린 다음 손바닥으로 어깨를 쓸어내린다.

⑫ 척주세움근 중지로 마찰하기

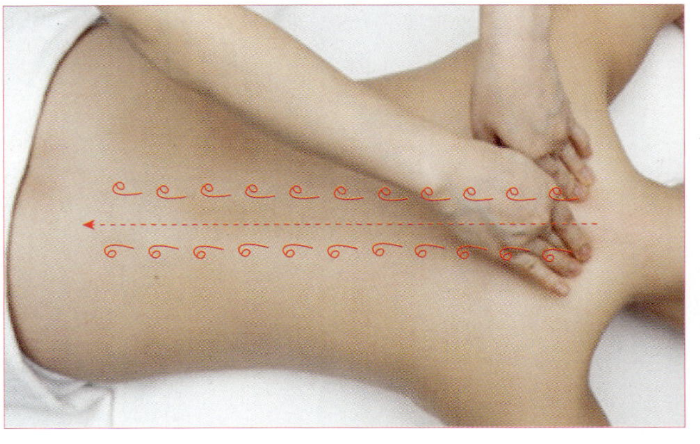

양 손 중지를 이용하여 척주세움근을 제7목뼈부터 허리뼈까지 7~9 부위로 나누어 제자리 원 그리기로 마찰한 후 압을 주고 다음 점으로 이동한다.

⑬ 엄지로 척추세움근 쓸어 올리기

양 손 엄지에 체중을 실어 척추세움근을 따라 천주부위까지 밀어 올린다.

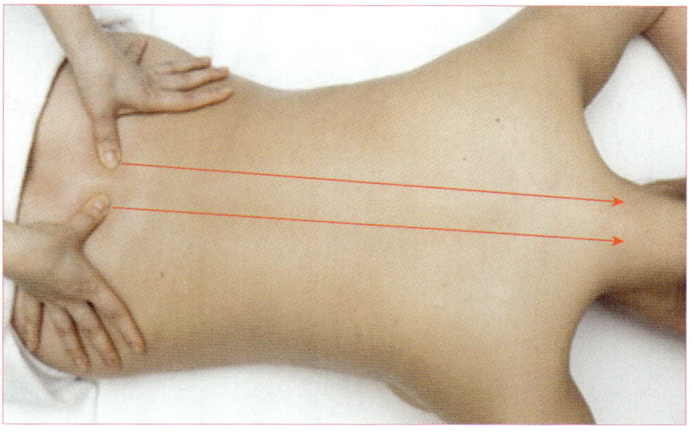

⑭ 손 겹쳐서 척추세움근 주위 둥글려주기

양 손의 손가락 부위를 겹쳐서 척추뼈 주위를 촘촘히 둥글려 준다.

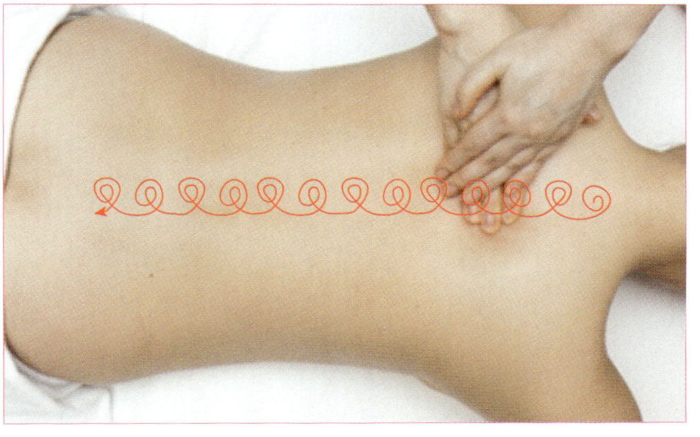

⑮ 척추 지그재그 눌러주기

척추를 사이에 두고 양 손 엄지를 서로 마주보게 한 다음, 고객의 호흡을 유도하며 숨을 내쉴 때 척추뼈를 향해 안쪽으로 2번씩 힘있게 눌러 주며 제7목뼈까지 진행한다.

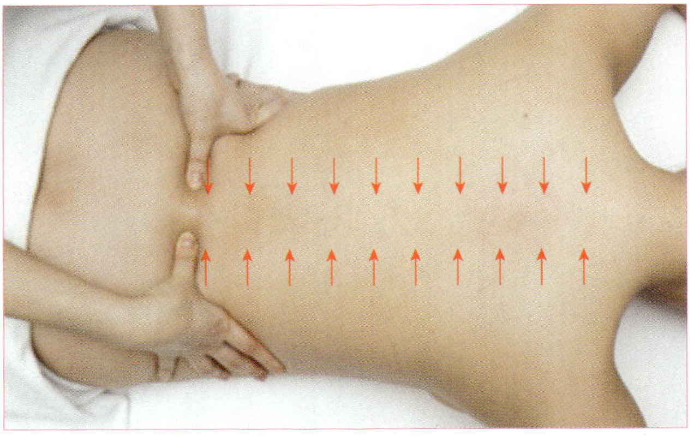

⑯ 엉덩이 부위 둥글리기

엉덩이 부위를 3선으로 나누어 손을 커핑하여 둔부를 바깥 방향으로 나선형을 그리며 둥글려 준 후 위로 끌어올린다.

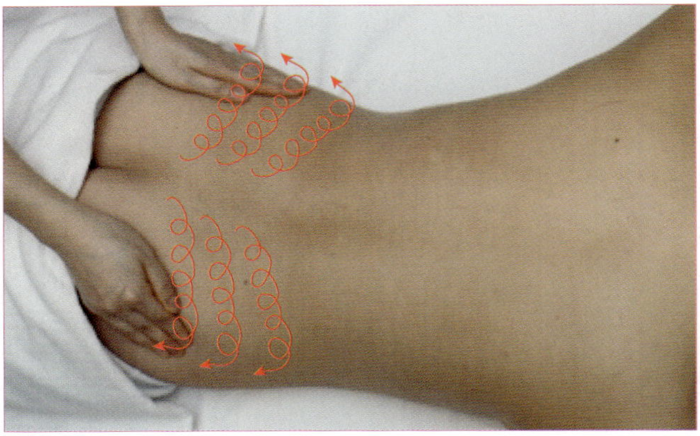

⑰ 엉덩뼈능선따라 엄지로 둥글리기

양 손 엄지로 엉덩이를 3선으로 나누어 엉덩뼈능선을 따라 나선형으로 마찰한다.

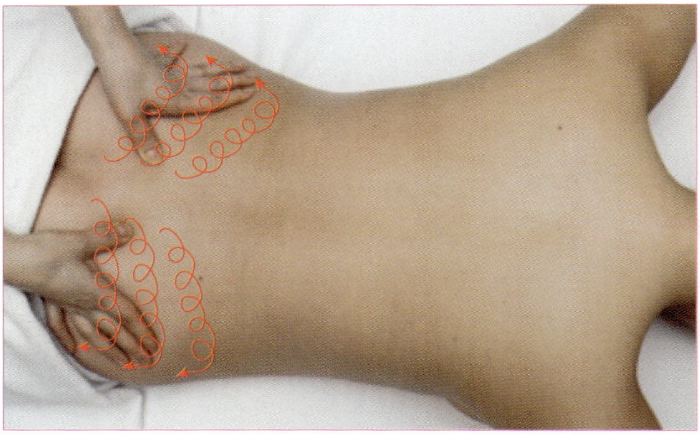

⑱ 엉치뼈와 꼬리뼈 가지치기로 마찰하기

꼬리뼈에서 엉치뼈까지 가지치기 방법으로 마찰한 후 하트 모양으로 잡아 준다.

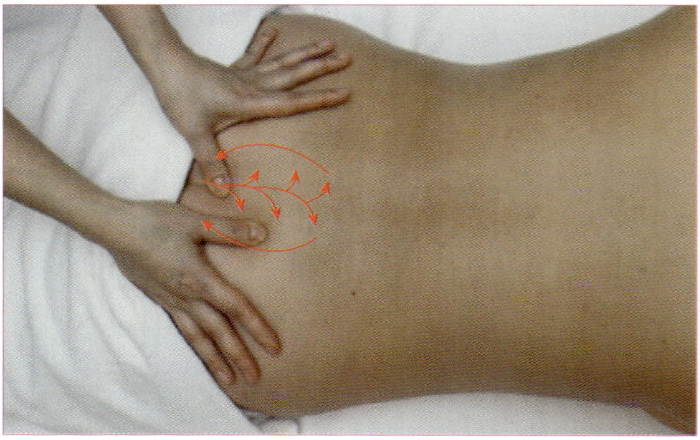

⑲ 등 길게 쓰다듬기

양 손바닥을 요추에서부터 체중을 실어 척추세움근을 따라 7번째 목뼈까지 올라간 후 손을 사선방향으로 하여 어깨뼈를 쓸어내린 후 옆구리를 감싸서 허리까지 내려온 다음, 허리선을 잡아 두 손바닥이 마주치도록 힘있게 빼 준다.

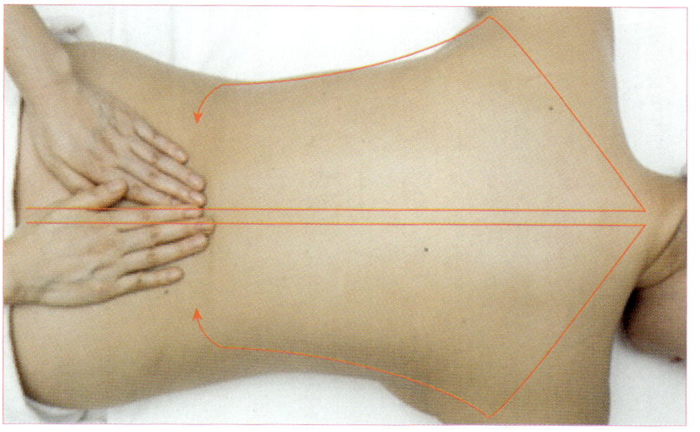

⑳ 옆으로 밀고 당겨주고 위로 쓸어주기

척주를 중심으로 등을 2등분하여 척주세움근을 손등으로 밀어 내리고, 옆구리를 손바닥으로 당겨 주고, 다른 손바닥을 이용하여 위 방향으로 쓸어 올린다.

오른쪽 등에서 왼쪽 등으로 진행한다.

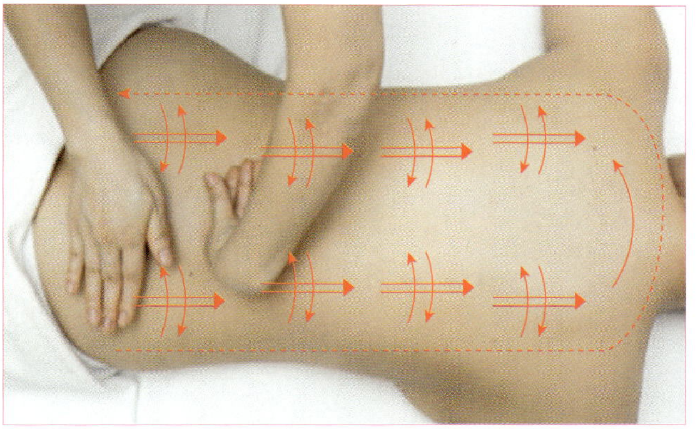

㉑ 손가 부위로 비벼주기

등을 척주를 중심으로 2등분하여 두 손을 합장하여 손 날 부분으로 빠르게 비벼 준다.

오른쪽 등에서 왼쪽 등으로 진행한다.

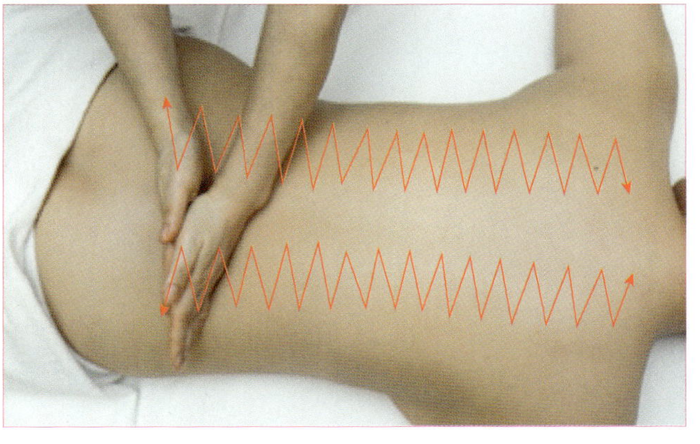

㉒ 3단계 쓸어주기

등을 3등분하여 손가락 등으로 허리에서 어깨까지 밀어 올린 후 손바닥으로 내려오고 1선(브라선)에서 횡으로 손가락 등으로 내려준 후 손바닥으로 쓸어 올려 가볍게 손바닥을 부딪혀 준다.

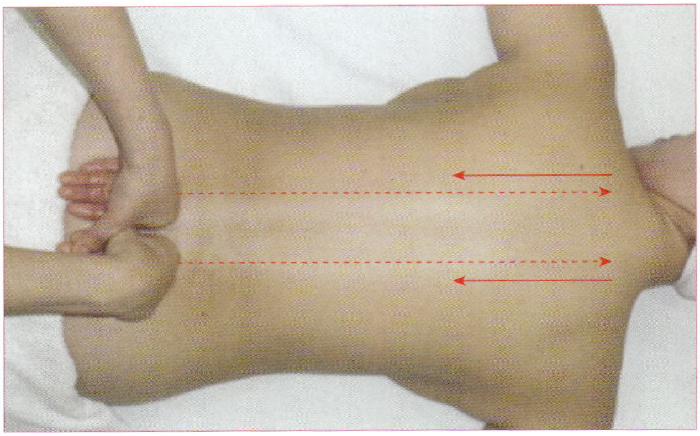

2선(갈비뼈 10번), 3선(허리선)도 동일한 방법으로 쓸어 주기 한다.

——— 손바닥

········· 손등

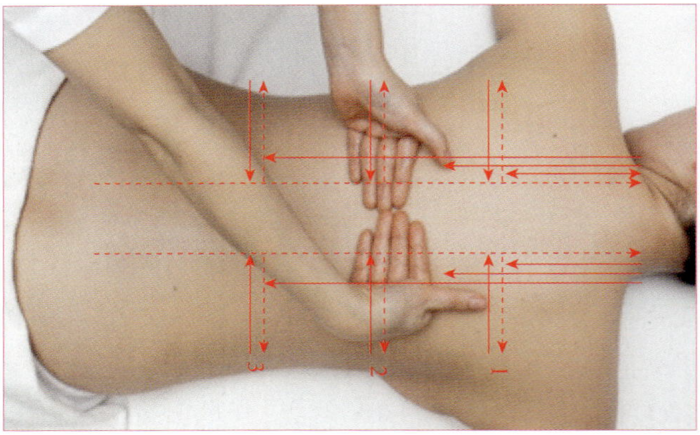

㉓ 손바닥 엇갈려 비벼주기

손을 커핑하여 양 손을 서로 강하게 엇갈리며 비벼 준다.

오른쪽에서 왼쪽 등으로 진행한다.

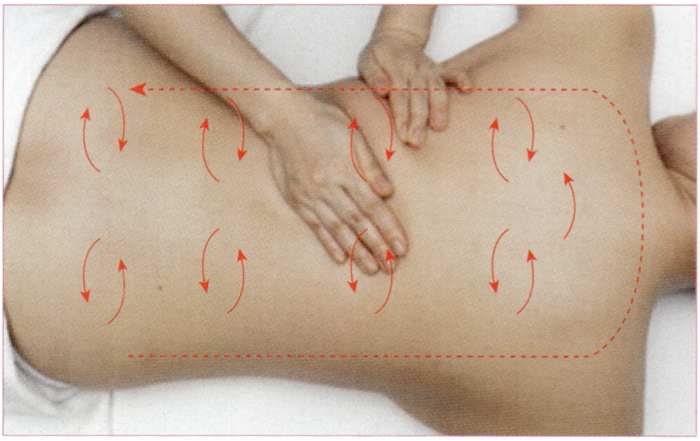

㉔ 엄지 수근 부위로 등 근육 집어주기

손바닥을 펴서 양 엄지 수근부위를 이용하여 등 근육을 집어 준 후 지그재그로 비틀어 준다.

오른쪽 등에서 왼쪽 등으로 진행한다.

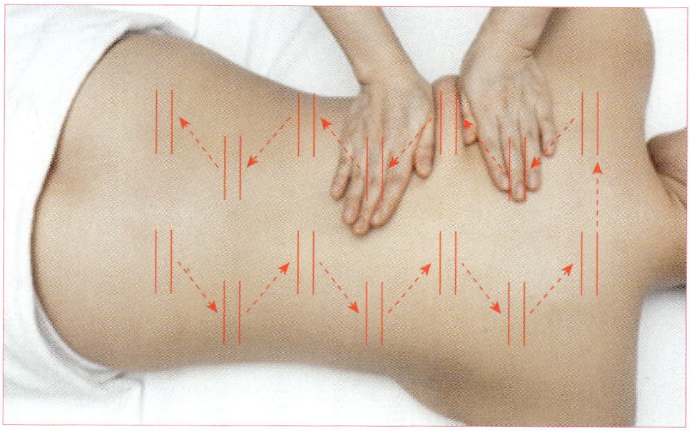

㉕ 손가락 측면으로 두드리기

손을 세워 손가락의 측면을 이용하여 빠르고 경쾌하게 촘촘히 두드려준다.

오른쪽 등에서 왼쪽 등으로 진행한다.

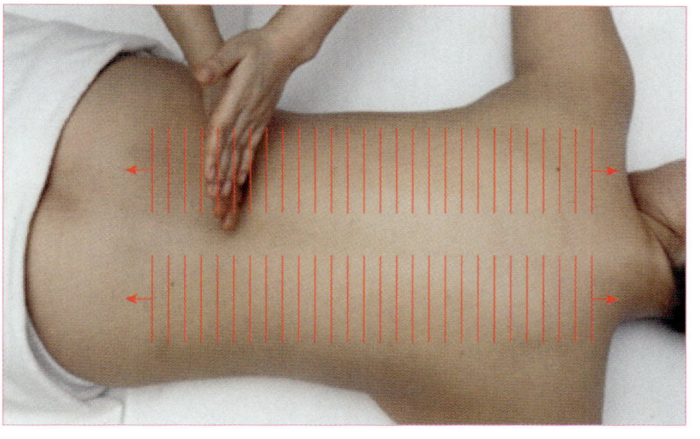

㉖ 어깨뼈 따라 마찰하기

한 손을 반대편 어깨에 가볍게 걸고(또는 고객의 등뒤로 돌린 손바닥 위에 올려 놓고) 중지를 이용하여 어깨뼈의 측면 골을 따라 엄지로 5~6점으로 나누어 제자리 원 그리기 방법으로 마찰한다.

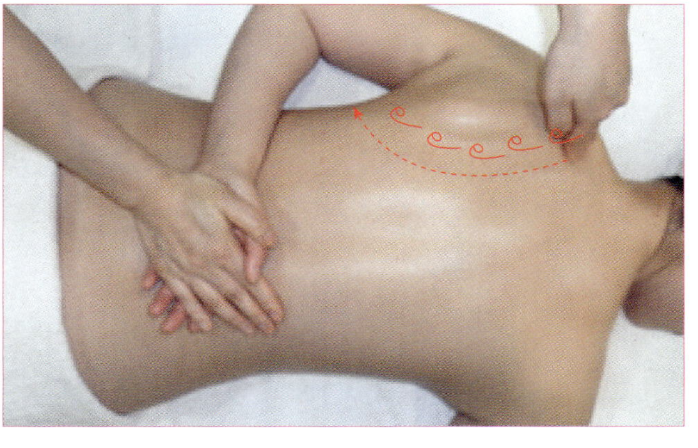

㉗ 어깨뼈 따라 엄지로 쓸어주기

마찰한 부위를 엄지로 둥글게 3회 쓸어 준다.

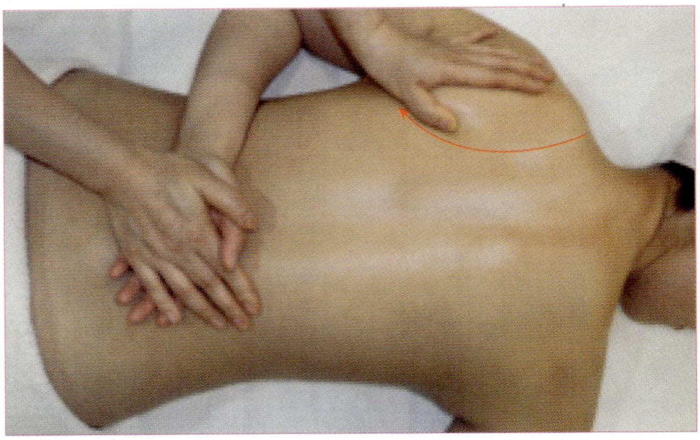

㉘ 손바닥으로 어깨뼈 둥글려 주기

어깨뼈 위를 손바닥에 체중을 실어 둥글려 준다(3회).

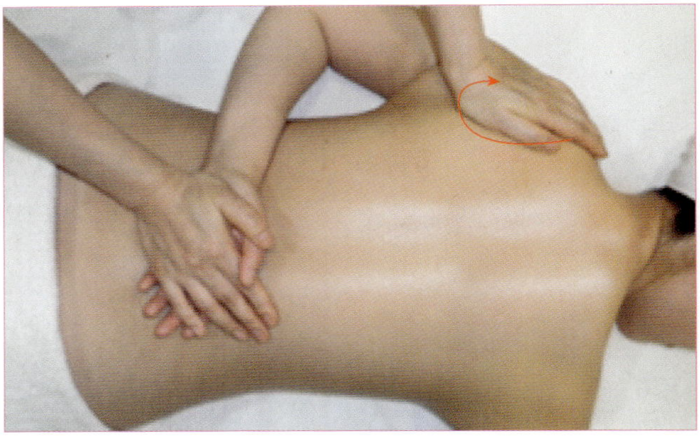

㉙ 엄지로 갈비뼈 사이 3선으로 쓰다듬기

엄지와 엄지 볼 부위를 이용하여 어깨뼈를 따라 1선, 갈비뼈 중간 2선, 갈비뼈 아래 3선으로 나누어 한 번씩 쓰다듬는다.

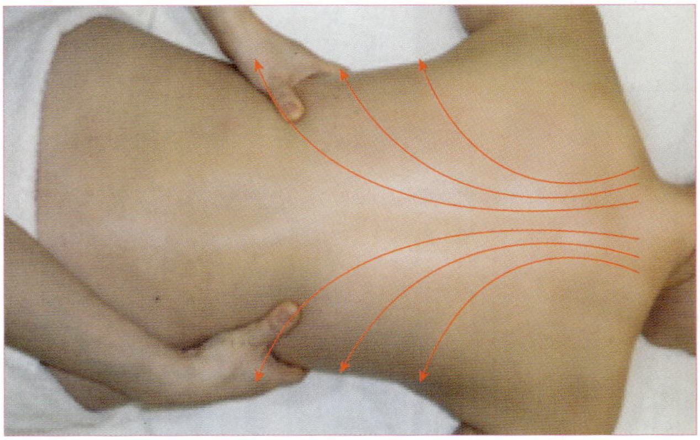

㉚ 손바닥 겹쳐 등 전체 쓰다듬기

등의 중앙에 두 손을 겹쳐 놓고 오른쪽 어깨 → 왼쪽 어깨 → 오른쪽허리에서 등 중앙으로 힘있게 크게 8자를 그리며 쓰다듬는다.

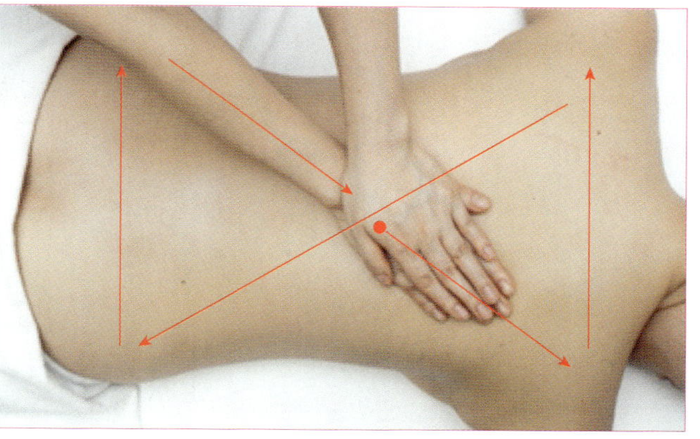

4. 등 관리 마무리

(1) 티슈로 닦기

티슈를 펼쳐서 여분의 오일이나 잔여물을 눌러서 닦아낸다.

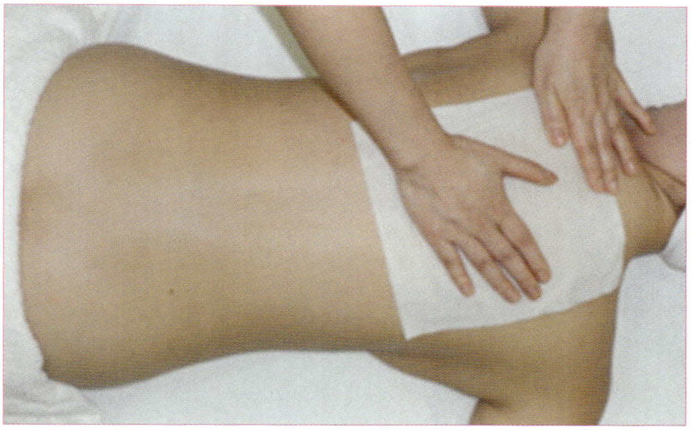

(2) 온습포로 닦기

- 온습포를 테라피스트의 손등과 손바닥을 오가며 온도를 측정한 후 고객의 등에 펼쳐 놓고 척주를 따라 두 손바닥을 겹쳐서 압을 준다.

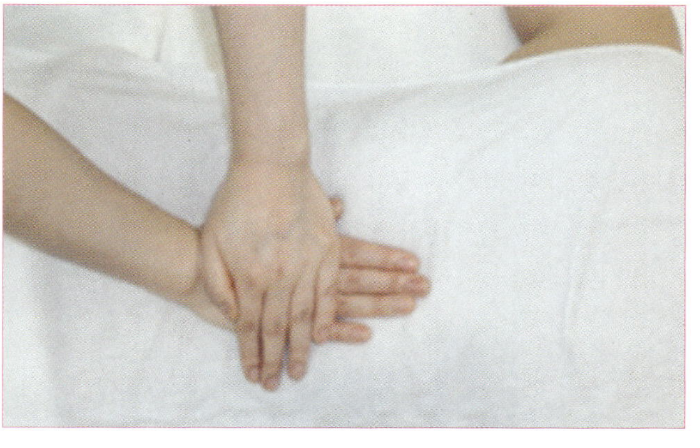

• 양 손을 교차하여 대각선으로 스트레칭 해준다.

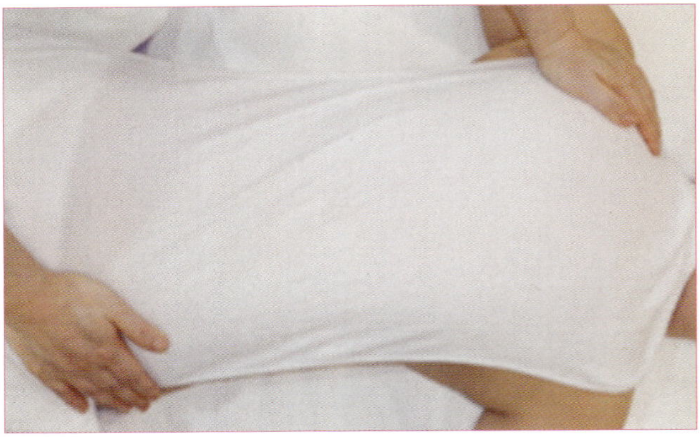

• 척주를 따라 직선으로 스트레칭 해준다.

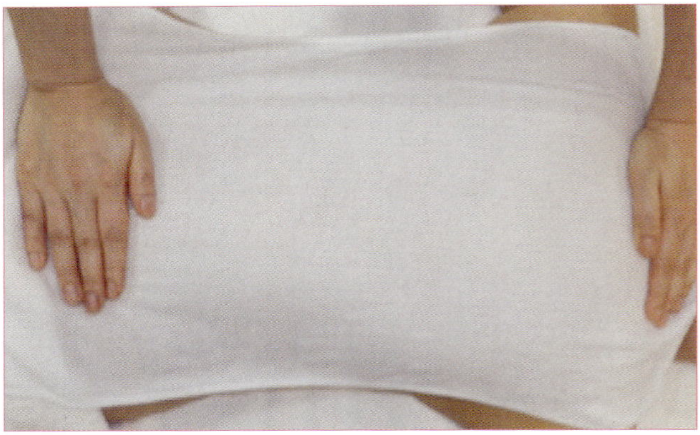

• 두 손을 겹쳐 손바닥으로 엉치뼈와 꼬리뼈 부위를 압을 준다.

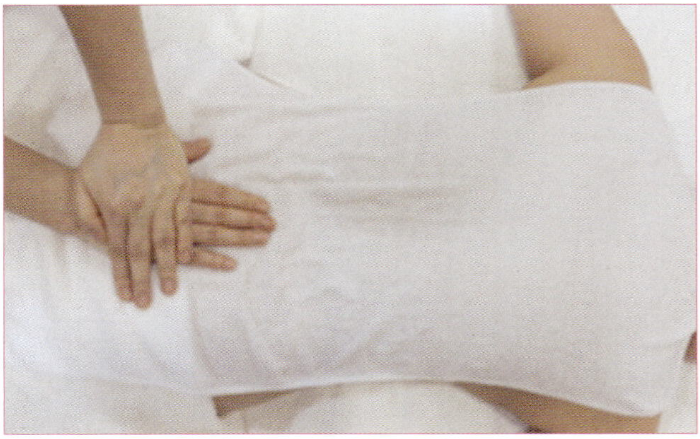

- 척주세움근을 따라 엄지로 지압한다.

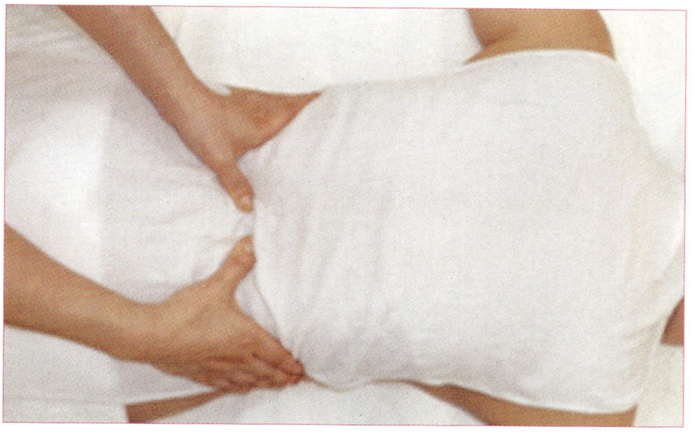

- 엄지와 네 손가락으로 어깨세모근을 잡아 어깨를 주물러 준다.
- 타월을 손가락에 끼워 바깥 방향으로 안쪽 방향으로 닦은 후 반으로 접어 손바닥을 감싸서 잘 닦이지 않은 부분을 닦아 준다.

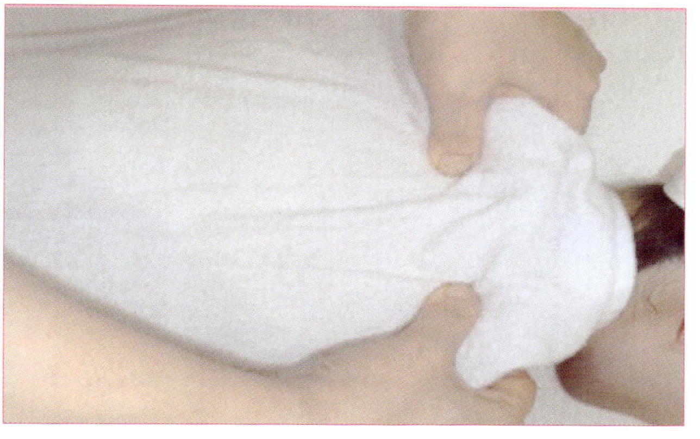

(3) 바디 전용 토너나 로션으로 마무리

피부 타입에 맞는 토너나 바디로션을 적당량 덜어서 부드럽게 쓰다듬기 동작으로 발라 준다.

8. 전신 트리트먼트 후 마무리

전신 마사지 트리트먼트 후 고객을 바로 일으키지 말고 약 5분 동안 이불을 덮어 몸을 따뜻하게 유지시켜 휴식을 취하게 하고, 이완되었던 몸과 신경을 정상으로 되돌리는 시간이 필요함을 설명한다.

마사지 트리트먼트 동안 이완되었던 몸을 갑자기 일으키면 아찔하고 현기증을 느낄 수 있으므로 신체를 천천히 회복시키는 과정을 진행하여야 한다.

고객이 휴식하는 동안 미지근한 물이나 차를 준비하여 고객에게 천천히 마시도록 조언하고, 전신 마사지 트리트먼트 후 관리 및 신진대사를 원활하게 해주고 노폐물의 배출을 용이하게 하기 위한 충분한 물의 섭취와 트리트먼트의 효과를 상승시키기 위하여 '안정을 취할 것' 또는 '과식이나 알코올의 섭취를 삼갈 것' 등의 유의사항에 대해 조언한다.

참고문헌

김수경 외, "에스테틱 얼굴편", 뷰티누리, 2011.

김수경 외, "에스테틱 전신편", 뷰티누리, 2011.

이애순 외, "이론과 실무 마사지테라피", 메디시언, 2008.

양현옥 외, "피부관리 기초실습", 훈민사, 2001.

한국전통 Swedish미용협회, "리메디얼 마사지테크닉", 도서출판예림, 2004.

장태수 외, "스파테라피 서비스산업 프로(중급)를 위한 SPA", 메디시언, 2008.

성기석 외, "클리니컬 마사지", 영문출판사, 2004.

김기영 외, "NEW 미용인을 위한 해부생리학", 메디시언, 2012.

김용수 외, "비주얼 아나토미", 대경북스, 2009.

함용운 외, "The Muscle 5th 그림과 사진으로 배우는 근육학", 한솔 의학서적, 2012.

이숙연 외, "미용 서비스론", 청구문화사, 2008.

찾아보기

ㅈ

ㅊ

ㅋ

ㅌ

ㅍ

ㅎ

기초페이스 & 바디트리트먼트

2013년 7월 20일 초판 인쇄
2018년 2월 1일 수정판 인쇄

저 자 이애숙 · 김봉인 · 선우영학 · 이유주
이명심 · 종서우 · 최성임

발행인 주 병 오

발행처 메디시인

경기도 파주시 회동길 209
파주출판문화정보산업단지

영업팀 (031) 955－7566 · 7577
편집팀 (031) 955－7731
FAX (031) 955－7730
홈페이지 www.ji-gu.co.kr
전자우편 jigupub@hanmail.net
등록번호 2005년 2월 16일 제 406－2005－000045호

ISBN 978－89－93033－65－6 값 18,000원